歴史文化ライブラリー
337

陸軍登戸研究所と謀略戦

科学者たちの戦争

渡辺賢二

吉川弘文館

目　次

登戸研究所と科学者たちの本土決戦と戦後

「謀略の丘」で考える――プロローグ

二〇一〇年(平成二二)四月、神奈川県川崎市多摩区の明治大学生田キャンパス内に明治大学平和教育登戸研究所資料館(以下、資料館と略す)がオープンした。旧陸軍登戸研究所(以下、登戸研究所と略す)の生物兵器研究のために建てられた鉄筋棟(三六号棟)を改装した資料館である(六ページ図2)。戦争遺跡をそのまま活用し、そこで何が行われていたのかを伝える資料館は類例のないものである。この資料館がオープンできたのは明治大学の英断による。大学がこの場を、「歴史教育・平和教育・科学教育の発信地にするとともに、地域社会との連携の場にしていく」と規定していることもすばらしいことである。

明治大学平和教育登戸研究所資料館の開館

しかし、こうした成果を生む背景には、二十余年の長きにわたって多くの人たちが努力してきた歴史があった。とりわけ、ここ登戸研究所に勤務していた人たちが重い口を開き、資料を提供し、また、資料館建設を大学に要望したことが決定的であった。

小田急線生田駅で下車し、十分ばかり歩くと明治大学生田キャンパスに着く。入り口から急坂を登り切った右手にこんもりとした森があり、当時、弥心（やごころ）神社（現、生田神社）と呼ばれた神社がある。そして、その境内に「登戸研究所跡碑」と記された碑がある。この碑の建立過程こそが資料館の原点である。

実は、戦後三七年を過ぎた一九八二年（昭和五七）になって、かつて登戸研究所に勤務し「青春」を過ごしていた人々が再会し、「登研会」という親睦団体を結成し、碑の建立の立案をしたのである。そして、六年後に会員のカンパを基に明治大学の許可を得て、現在の場所に碑は建立された。

碑文の案も当初は三案が出され、会員の投票で正面には「登戸研究所跡碑」、そして、裏面には「すぎし日は　この丘に立ち　めぐり逢う」という「想い」をこめた句が刻まれた。

筆者は当初、この句に違和感を感じていた。しかし、登戸研究所に勤務していた方々に接するに従って、次第にわかるようになっていった。この句はまず「すぎし日は」の言葉から当時を想い起こしてはじめて理解できるのである。この丘で行われた出来事の重さや、戦争中にもかかわらず恵まれた研究環境、戦後も家族にも話せなかった孤独感などがすべて凝縮されていると思う。そして、それらから解放される日が近づいたことを示していたのである。登戸研究所で働いていた科学者・技術者が、戦中・戦後をどのように過ごしてきたかを考えたい。

動物慰霊碑が語りかけるもの

現在の明治大学生田キャンパスの正面入り口の裏手の目立たないところに「動物慰霊碑」が建っている。三メートルくらいある立派なものである。この碑は筆者にとって登戸研究所の調査に入る原点でもある。

今から二四年前、川崎市中原平和教育学級の企画委員（市民・高校生・市職員）が地域の戦争を知ろうと調査活動を開始した。あるジャーナリストから、生田では戦時中に稲が実らなかったことがある、と聞いた筆者たちは見学会を計画した。新聞報道があったためか、この動物慰霊碑を見ていたとき一人の老人（井上三郎さん）が現れたのである。そして、自分はここの第四科で働いていたことを証言された。ところが不思議なことに、当時、この大きな碑があったことは知らなかったと言う。「科が違えばそんなものだった」とこともなげに言う。しかし、井上さんは「最近は登研会ができ、他の科の人とも交流している」ことも話され、川崎市域に健在である会員の紹介もしてくれたのである。

筆者たちは、早速、川崎市教育委員会の承認のもと、九九名の当時、川崎に在住の登戸研究所勤務員にアンケートをお願いしたのである。二三名から貴重なご返事をいただいたが、その中に第二科（生物・化学兵器担当）にタイピストとして勤務されていた小林（旧姓、関）コトさんから貴重な『雑書綴』という資料が提供されたのである。『雑書綴』とは、文字どおり小林さんがみずからの和文タイプの練習用に保存していた雑多な書類束で、終戦時に偶然持ち出すことができたものであった。この資料から青酸ニトリールや蛇の毒などいろいろな毒物兵器を開発していたことがわかった。そして、一九四三年（昭和一八）四月、第二科第一班に勤務していた伴繁雄さんら研究者に対して陸軍技術有功章が授与されている事実を知った。そのときの副賞一万円（現在では約一〇〇〇万円）でこの碑と弥心神社が建立されたのだ。

さらに調査をすると、戦後、伴さんは警視庁の捜査に協力し、その証言から登戸研究所で研究・開発した毒物が、七三一部隊の石井四郎軍医中将が管轄する一六四四部隊（中国の南京（ナンキン））の病院で人体実験に使用されていたことがわかった。その証言の中で伴さんは、

「初めは厭であったが馴れると一ツの趣味になった（自分の薬の効果をためすために）」と言っているのである。通常の倫理観を失っていく科学者の様子がわかる。巨大な動物慰霊碑は、こうして見ると登戸研究所を象徴するモニュメントである。

次ページの図1に見るように、登戸研究所跡地の一部に、その施設を使用して一九五一年に開校した明治大学生田キャンパスは、その全体が戦争遺跡となっている。しかし、多数残っていた当時の建物も取り壊しが進んでいる。正門をまっすぐ進むと、左手に大きなヒマラヤ杉がそびえ立っている。実はこの杉は、登戸研究所の本館前に植樹されたものだ。ヒマラヤ杉は登戸研究所の全貌を知っていると言えよう。本館跡を左に曲がると広い道がある。当時のメーンストリートである。その途中に陸軍の星マークが付いた当時の消火栓が残っている。第一科はこのメーンストリートを中心に配置されていて、ここで風船爆弾などが開発されていたのである。

登戸研究所資料館の価値

資料館は、今はきれいに塗装され窓枠なども替えられているので、一見、新しい建物と錯覚してしまう。しかし、この建物こそ風船爆弾に搭載する予定の牛疫（ぎゅうえき）ウイルスや中国大陸で大量に散布した植物を枯らす細菌兵器を開発した鉄筋棟であった。中に入ると、外見と違い天井は高く広い空間を使った機

図1　開校当時の明治大学生田キャンパス（吉崎一郎提供）

図2　明治大学平和教育登戸研究所資料館（旧36号棟）

密性のある建物であることがわかる。当時の廃液の流し跡や暗室などの保存もよくされている。

展示内容は、資料館館長の山田朗(あきら)文学部教授の指導のもと、大学院生が総力を挙げて作成しただけに大変充実したものとなっている。第一展示室は、登戸研究所の全体像が概観できる。一九三七年(昭和一二)、陸軍科学研究所の電波兵器研究開発施設としてこの地が実験場に選ばれたのが、研究所の始まりだった。なぜ三〇メートルくらい登った高台に設置されたのかがわかる。そして、三九年以降、この地が次第に秘密戦研究所として姿を変えていく様子が説明されている。登戸研究所は陸軍中野学校(特務機関員養成)と連動し、他の陸軍技術研究所と性格を異にしていたことも大切なことである。

第二展示室では、風船爆弾や電波兵器など主に第一科が担当した物理的な兵器の開発状況が解明されている。風船爆弾には、当初、細菌兵器を搭載して発射する計画が存在していたことが証明されている。実際には搭載しなかったのだが、細菌兵器を開発していたこと自体が謀略兵器としての脅威を高めたことは想像できる。

第三展示室は第二科の内容、とりわけ『雑書綴』から見えてくるものが細かく分析されている。第四展示室は第三科の偽札作戦の顚末が紹介されている。第五展示室では本土決

図3　登戸研究所の遺構

弥心神社（現生田神社）

登戸研究所跡碑

動物慰霊碑

消 火 栓

消 火 栓

弾薬庫跡（倉庫跡）

戦体制時の登戸研究所の役割、戦後の登戸研究所勤務員がたどった人生、そして、その関係者が資料館建設を要望するいきさつなどが展示されている。

全体として、科学が戦争に動員されていく際の怖さ、裏面史としての秘密戦から見えてくる戦争の実相などが資料を通して語りかけ、こうした史実を通して学ぶことができる価値は大きい。

若い世代への力強いメッセージ

第五展示室の後半で、登戸研究所勤務員がどのようにして若い世代に語り始めたかが詳しく説明されている。その実際の様子を知っている者の一人として当時を再現してみたい。

筆者たちが市民とともに登戸研究所を調査し始めた一九八七年（昭和六二）頃、ちょうど登研会を通じて登戸研究所関係者はまとまり始めていた。そして、少しずつ聞き取り調査も可能になってきた。しかし、肝心な内容になると口をつぐむことも多かったのである。そうした聞き取り作業に次第に高校生が参加するようになっていく。その動機は「核兵器（A兵器）については調べたので、次は生物・化学兵器（B・C兵器）について調べてみたい」という程度のものだった。しかし、登戸研究所に勤務した人たちの口は重かった。後でわかったことだが、川崎市で調べていた高校生とは別に、長野県駒ヶ根市でも登戸研究所に勤務していた人たちからの聞き取りをして同じ問題にぶつかっていた。そして、ほぼ同じ時期に、「大人には話さないが君たち高校生には話そう」と関係者が重い口を開いたのである。

高校生たちの努力によって、隠されていた実相が次第に浮き彫りにされていった。その一つは石井式濾水機の濾過筒（次ページ図4・5）についてである。伴繁雄さんは長野県の自宅に残していた大量の濾過筒を提供してくれた。それが細菌戦部隊を管轄する防疫給水本部が、自分たちが生き残るための秘密兵器として管理していたものであることがわかった。本土決戦体制の末期に長野県に大量に供給されていたのである。

ところが高校生たちの発想は、それを理解しただけにとどまらなかった。濾過筒には「軍事秘密」と書かれていたが、「それは戦争中の話だけでなく、今でも役立つ技術ではないか」と彼らは考えた。そして、横浜の工場を探し出すとすぐに訪問し、濾過筒についての話を聞きにいった。会社からは、「調査に君たち高校生がきたのは進駐軍以来」と言われ、同時に今でも学校のプールなどの濾過に使われていることを知る。こうして高校生たちは、「戦争と平和はそんな遠い関係ではない」し、「自分たちが科学や技術を平和に活かすかそれとも戦争に使うかはいつでもしっかり考えなくては」という結論に達したのである。彼らのような若い世代が「登戸研究所遺跡で学び」、「戦争と向き合い」、「歴史と対話し」、「科学や技術を真に平和な社会に貢献できる」力を育てることを期待したい。

図4　石井式濾水機（木下健蔵提供）

図5　石井式濾水機濾過筒（筆者所蔵）

本書の目的

今まで述べてきた視点から、本書の目的を述べてみたい。筆者が登戸研究所を調べ始めたのは四半世紀前のことであった。秘匿された陸軍の研究所があるので調べてみようというのが動機であった。しかし、どこにも第一次資料がなく、すぐに壁にぶつかった。それを打ち破ったのが、市民の一般常識的な調査方法であった。「そこに勤めていた人がいるに違いない」という発想が、登戸研究所に勤務していた人たちとの出会いを生み出した。そして、関係者からの資料提供となったのである。しかし、登戸研究所に勤務していた人たちは重い過去を背負っていた。したがって、そこで行なっていた研究や、やっていた出来事について話してくれることは少なかった。

そうした二つめの壁を打ち破ったのは、高校生のエネルギーと問題意識であった。それに登戸研究所関係者が応えてくれ、孫のような世代に歴史の事実が継承されたのである。「墓場まで持って行く」と決意していた関係者からの証言はオーラルヒストリーによる手法であり、検証することは当然求められるが、その一つ一つの証言の重さと価値はきわめて高いと考える。本書の第一の目的は、そうした証言の検証にあてるものである。しかし、成田龍一氏が指摘するように、証言はいつ、どうした背景でなされ、それが事実であるかどうか資料と照らし合わせて分析する必要がある。そのために、海野福寿（現、明治大学名誉教授）を代表とする明治大学人文科学研究所による総合研究が実施されることとなった。その共同研究に筆者も参加する機会を得て、精力的に資料発掘に努力した。その結果、本書でも紹介する「状況申告」など、少ないながらも第一次資料を手に入れることができた。そこから本書の第二の目的を、第一次資料と聞き取り資料の照合によって登戸研究所の実相を明らかにすることとした。

このような性格上、本書には当時、登戸研究所で研究・開発に従事していた科学者や技術者らが実名で登場し、彼らがそこで何をしていたかが明らかにされる。しかし、本書がめざすものは、けっして登戸研究所の関係者を糾弾し、その責任を追及することではない。国家が科学を戦争に動員するときに、どんな科学者・技術者が生み出され、どんな兵器が作られるのかを検討すること、そして、戦争ではなく平和で安心して生きられる社会に貢献する科学者・技術者を育てるには過去から何を学ぶべきか考えようとするところにある。

登戸研究所の誕生

陸軍科学研究所と秘密戦研究

登戸研究所は陸軍兵器行政本部管轄下の一〇の技術研究所の一研究所の通称・秘匿名称で、その正式名称は最終的には第九陸軍技術研究所という。以下にその変遷の過程を見てみよう。

陸軍科学研究所の設置

第一次世界大戦は、政治・経済・科学・技術・思想が総動員された国家総力戦という形態での最初の世界戦争であった。とりわけ、航空兵器や化学兵器（毒ガス兵器）の登場は日本陸軍にも衝撃を与えた。科学を兵器開発に総動員してこそ他国を上回る軍事力を作ることが可能となるという発想に転換することとなる。そこで、兵器の研究開発のために設けられていた陸軍技術審査部（一九〇三年〈明治三六〉設置）を大幅に再編成し、一九一九年（大正八）四月一二日に勅令第一〇六号によって陸軍技術本部が設置された。その目的は、第一条で、「陸軍技術本部ハ兵器及兵器材料ノ審査、制式統一及検査ヲ為シ、陸軍技術ノ調査研究及試験ヲ為シ且其ノ改良進歩ヲ図リ竝之ニ関シ陸軍大臣ニ意見ヲ具申ス」るものとされた。ここから陸軍技術本部の任務は、兵器全般の調査・研究・実験・審査に転換したことがわかる。

さらに日本陸軍は新しい兵器開発のための研究にも力を注ぐことを求めた。そこで同じ日に勅令第一一〇号によって陸軍科学研究所が設置されることとなる。

陸軍科学研究所令

第一条　陸軍科学研究所ハ兵器及兵器材料ニ関スル科学ヲ調査研究ス

第二条　科学研究所ニ第一課及第二課ヲ置ク

第一課ニ於テハ主トシテ物理的事項ヲ、第二課ニ於テハ主トシテ化学的事項ヲ管掌ス

陸軍科学研究所は、それまでの陸軍火薬研究所を廃止して設置されたもので、初代の所長には田中弘太郎が就任した。第一課は物理的兵器の研究・開発を担当し、課長には川口育三郎が就任した。また、第二課は化学的兵器を担当し、課長には朽木綱貞が就任した。

朽木は前年にできた臨時毒瓦斯(どくガス)調査委員会の主任を務めていた。

こうして設置された陸軍科学研究所は、一九二五年五月一日に第一部・第二部・第三部と編成替えされる。そして、それぞれの分掌は陸密第一六三号により次のように規定された。

陸軍科学研究所事務分掌規定

第一条　第一部ニ於テハ左ノ事務ヲ掌(つかさど)ル

一、力学ニ関スル事項

二、電磁気学ニ関スル事項

三、光学ニ関スル事項

四、熱学ニ関スル事項

五、材料物理的研究ニ関スル事項

第二条　第二部ニ於テハ左ノ事務ヲ掌ル

一、火薬ニ関スル事項

二、爆薬ニ関スル事項

三、火薬爆薬ノ原料竝一般化学的軍用工芸品ニ関スル事項

第三条　第三部ニ於テハ左ノ事務ヲ掌ル
一、化学兵器及其ノ原料ニ関スル事項
二、化学戦ニ要スル附属兵器ニ関スル事項
三、化学兵器防護ニ関スル事項

これにより、第一部は、物理学を応用した兵器の開発をすることとなった。そして、第二部は従来の中心的な研究項目であった火薬などの化学兵器の研究を担当することとなった。さらに第三部は、第一次世界大戦で出現してきた毒ガスなどの化学兵器を研究することとされた。

その後、従来は第二部の所掌であった火薬爆薬の研究が造兵廠（ぞうへいしょう）に移管されたため、一九三二年（昭和七）に第二部を廃止し、第三部を第二部に改めた。このときの所長は久村種樹で、第一部部長は多田礼吉、第二部部長は川上義弘であった。その後、多田は一九三六年に所長に就任する。陸軍科学研究所内の主要業務は、『陸軍科学研究所歴史』巻之三によれば次のような体制で行われていた。

第一部
第一班　庶務、工場

第二班　電磁兵器ニ関スル研究
第三班　光学兵器ニ関スル研究
第四班　金属材料、機械及特殊投影兵器ニ関スル研究
第五班　音響及電磁兵器ニ関スル研究

第二部
第一班　庶務及各班共通ニ関スル研究
第二班　化学兵器運用ニ関スル研究
第三班　防護ニ関スル研究
第四班　医学的中毒ニ関スル研究

ここから、第一部は特殊な物理的兵器の研究・開発、第二部は特殊な化学的兵器とりわけ毒ガス兵器の研究・開発をめざしていたことがわかる。

この中で陸軍登戸研究所との関係で注意する必要があるのは、第一部の動向である。第一部部長となった多田は「戦争の科学化」をめざし、電波兵器の開発・研究を開始した。電波研究の第一人者である八木秀次（やぎひでつぐ）を嘱託にし、月に一回の講義を受ける体制を確立した。

こうして陸軍ではじめて秘密戦のための電波兵器の研究・開発が開始されたのである。

一九三六年（昭和一一）に陸軍科学研究所所長に就任した多田礼吉は、強力電波発生の研究促進をはかった。ところが新宿にあった陸軍科学研究所では室内実験は可能だが、屋外での実験は不可能であった。そこで外部に実験場を求めることとなった。その経緯は次のようなものであった。

登戸実験場・登戸出張所の設置

特殊技術本来ノ特性ト陸軍科学研究所ノ特性トヲ顧慮シ、科学ノ未知ノ領域ヲ開拓シテ、奇襲戦力大ナル新兵器ヲ創造スル新研究ニ重点ヲ指向スルニ決セリ

然(しか)ルニ当所ハ其(その)敷地狭隘(きようあい)ニシテ、此種ノ危険ヲ伴フコト大ナル研究ヲ実施スルノ余地ニ乏シク、且(かつ)秘密維持亦(また)十分ヲ期シ難キヲ以テ、新ニ東京近郊ニ地ヲ相シ実験場ヲ建設スルニ至リ、昭和十二年五月、上司ノ許可ヲ得テ神奈川県橘樹(たちばな)郡生田村ノ地ヲ選定シ、昭和十二年十一月土地建物ノ購入ヲ完了セリ、之ヲ登戸実験場ト命名シ、当分ノ内本部所属トシテ所長ノ直轄研究機関トナシ、同年十二月十二日研究員ノ一部ヲ移転シ研究ヲ開始シ、昭和十三年三月、略々其態勢ヲ整フルニ至レリ

（『陸軍科学研究所歴史』巻之三）

ここから、陸軍科学研究所は強力電波研究に好都合で秘密も保持できる場所を選定し、実験場としたことがわかる。選ばれた生田(いくた)の地は、それまで日本高等拓殖学校があったが

廃校となっていた。場所の選定は逓信省電気試験所の技師楠瀬雄次郎が担当したが、谷を挟んだすぐの所に日本電気株式会社の電波研究所も設置されていたことも大きな選定要因となった。

実験場が本格的に動き出した一九三九年八月、陸軍科学研究所令が改正され（勅令第五三四号）、出張所の設置が可能となった。これを受けて九月一六日、陸軍科学研究所の出張所が設置された。その陸密第一五七〇号には次のように記載されている。

陸軍科学研究所ノ名称及位置ニ関スル件達

陸軍科学研究所出張所ノ名称及位置竝ニ其ノ業務次ノ通定ム

名称　陸軍科学研究所登戸出張所

位置　神奈川県川崎市生田

業務　1、特殊電波ノ研究ニ関スル事項

2、特殊科学材料ノ研究ニ関スル事項

（『陸軍省密大日記』昭和一四年第一冊、防衛省防衛研究所図書館所蔵）

このとき、初代の登戸実験場長ならびに出張所長になったのが、電波兵器を研究していた草場季喜（くさばすえよし）であった。業務内容の特徴として第一に特殊電波が挙げられているように、電波兵器の研究を主としていたことが明らかである。しかし、第二に特殊科学材料の研究が挙げられている点に注目する必要がある。この研究部署は陸軍科学研究所第二部に秘密戦資材研究室が設置されたことに始まる。研究主任は篠田鐐（しのだりょう）であった。ここで言う秘密戦とは第一次世界大戦で現れてきたもので、防諜・諜報・謀略・宣伝の戦闘を指す。日本陸軍は、そうした世界の趨勢を見て、はじめてこうした分野の重要性を知り、研究を開始したのである。そして、登戸出張所でそれが実施されていくことになったのである。

第九陸軍技術研究所への発展

一九四一年（昭和一六）六月一三日に勅令第六九六号が発せられた。これはいわゆる「大技術本部」への編成改正で、それまでの技術本部と科学研究所を合併して、陸軍のすべての兵器・器材の基礎と応用の研究を一元化した管理の下に置こうとしたものであった。これにより陸軍科学研究所登戸出張所が陸軍技術本部第九研究所と改組され（翌四二年には陸軍兵器行政本部の設置にともない第九陸軍技術研究所と再改称する）、篠田鐐が初代研究所所長になった。なお、改正に基づき、翌日に陸軍技術本部分掌規定（陸達第四一号）が出されたが、なぜか第九研究所についてはふれていない。その理由は、「陸軍科学研究所登戸出張所は第九研究所となったが、同所の主要な業務が極秘兵器、資材等に関する調査研究、考案、設計、試験等で、秘匿を要するものであったから、業務分掌規定から除かれている」（『陸軍兵器行政機関の編制・機能史料集』防衛研究所戦史室、一九八六年）とされていることによる。この時期、登戸研究所は、当初、中心的研究対象であった電気的特殊兵器の基礎研究の大部分を第七・第八陸軍技術研究所に移管している。

この頃から秘密戦のための資材の研究・開発が中心となる。第一科が物理的な兵器の研究、第二科が生物・科学兵器や憲兵資材の研究、第三科が印刷関係の研究・開発としてそれぞれの体制が整えられた。さらに翌四二年には、資材製造を担任する第四科も設置された。

その後、同年一〇月九日に陸軍技術研究所令が発せられた（勅令第六七八号）。これは日中戦争が泥沼化し、アジア太平洋戦争に突入する中での兵器生産の再編成を目的としたものであった。その内容は次のようなものであった。

陸軍技術研究所令

第一条　陸軍技術研究所ハ陸軍所要ノ兵器（航空兵器ヲ除ク以下同ジ）及兵器材料（航空ニ関スルモノヲ除ク以下同ジ）ノ調査、研究、考案、設計及試験竝（ならび）ニ陸軍技術（航空関係ノモノヲ除ク）及科学ノ調査、研究及試験ヲ行フ所トス

陸軍技術研究所ハ前項ノ外固定無線所（航空ニ関スルモノヲ除ク）ノ施設、補修等ヲ行フ

第二条　陸軍技術研究所ハ所要ノ地ニ之ヲ置キ、第一、第二等ノ番号ヲ冠称ス各研究所ノ所掌事項ハ陸軍大臣之ヲ定ム

陸軍大臣ハ必要ニ応ジ陸軍技術研究所ノ出張所ヲ置クコトヲ得

この勅令を受けて陸達第六八号が発せられた。それは陸軍技術研究所の所掌に関するものであった。

陸軍技術研究所ノ所掌事項ニ関スル件

第一条　第一陸軍技術研究所ニ於テハ左ノ業務ヲ掌ル

一、白兵、銃、砲（第二陸軍技術研究所所掌ノ照準具ヲ除ク）、弾薬（第六及第八陸軍技術研究所所掌ノ事項ヲ除ク）、重砲組立作業器材、馬具及馬匹車輌ノ調査、研究、考案、設計及試験ニ関スル事項

二、射表ノ編纂ニ関スル事項

三、所掌兵器ノ技術ニ関スル事項

四、所掌兵器ノ修理、保存ノ基礎竝所掌兵器部品ノ規格資料ニ関スル事項

五、所掌兵器図書ノ編纂又ハ調査資料ノ作成ニ関スル事項
第二条　第二陸軍技術研究所ニ於テハ左ノ業務ヲ掌ル
一、観測、情報、測量及指揮連絡用ノ兵器（他ノ陸軍技術研究所所掌ノモノヲ除ク）、気球、観測機、鉄砲照準鏡及計器、算定具等ノ調査、研究、考案、設計及試験ニ関スル事項
二、所掌兵器ノ技術ニ関スル事項
三、所掌兵器ノ修理、保存ノ基礎竝ニ所掌兵器部品ノ規格資料ニ関スル事項
四、所掌兵器用図書ノ編纂又ハ調製資料ノ作成ニ関スル事項
第三条　第三陸軍技術研究所ニ於テハ左ノ業務ヲ掌ル
一、器材（他ノ陸軍技術研究所所掌ノモノヲ除ク）、爆薬用火薬火具ノ調査、研究、考案、設計及試験ニ関スル事項
二、所掌兵器ノ技術ニ関スル事項
三、所掌兵器ノ修理、保存ノ基礎竝ニ所掌兵器部品ノ規格資料ニ関スル事項
四、所掌兵器図書ノ編纂又ハ調製資料ノ作成ニ関スル事項
第四条　第四陸軍技術研究所ニ於テハ左ノ業務ヲ掌ル

一、戦車、装甲車、牽引車及自動車ノ車輌類竝ニ自動車用燃料及脂油ノ調査、研究、考案、設計及試験ニ関スル事項
二、所掌兵器等ノ技術ニ関スル事項
三、所掌兵器ノ修理、保存ノ基礎竝ニ所掌兵器部品ノ規格資料ニ関スル事項
四、所掌兵器用図書ノ編纂又ハ調製資料ノ作成ニ関スル事項
第五条　第五陸軍技術研究所ニ於テハ左ノ業務ヲ掌ル
一、通信器材、整備器材及電波ヲ主トスル兵器ノ調査、研究、考案、設計及試験ニ関スル事項
二、所掌兵器ノ技術ニ関スル事項
三、所掌兵器ノ修理、保存ノ基礎竝ニ所掌兵器部品ノ規格資料ニ関スル事項
四、所掌兵器用図書ノ編纂又ハ調製資料ノ作成ニ関スル事項
五、固定無線所ノ施設、補修ニ関スル事項
第六条　第六陸軍技術研究所ニ於テハ左ノ業務ヲ掌ル
一、化学兵器ノ調査及研究等ニ関スル事項
二、化学戦ニ関スル医学的調査及研究ニ関スル事項

三、化学戦ニ関スル獣医畜産学的調査及研究ニ関スル事項
四、所掌兵器ノ技術及科学ニ関スル事項
五、所掌兵器ノ修理、保存ノ基礎竝ニ所掌兵器部品ノ規格資料ニ関スル事項
六、所掌兵器用図書ノ編纂又ハ調製資料ノ作成ニ関スル事項
第七条　第七陸軍技術研究所ニ於テハ左ノ業務ヲ掌ル
一、兵器ノ物理的基礎技術ノ調査及研究（弾道ニ関スル基礎ノ研究ヲ含ム）ニ関スル事項
二、物理的兵器ノ考案ノ為ノ基礎研究ニ関スル事項
三、兵器ニ関連スル科学的諸作用ノ生理学的ノ調査及研究（第六陸軍技術研究所所掌ノモノヲ除ク）ニ関スル事項
四、所掌事項ノ技術及科学ノ研究ニ関スル事項
第八条　第八陸軍技術研究所ニ於テハ左ノ業務ヲ掌ル
一、兵器材料及火薬ニ関スル調査、研究、考案及試験ニ関スル事項
二、化学工芸ノ研究ニ関スル事項
三、兵器材料ノ規格ノ基礎ニ関スル研究

四、兵器及兵器材料ノ保存ノ基礎ニ関スル研究
五、所掌事項ノ技術及科学ニ関スル事項
附則
本達ハ昭和一七年一〇月一五日ヨリ之ヲ施行ス

この資料からは、当時、陸軍兵器行政本部管轄下にあった他の八つの技術研究所（三〇ページ表1）の所掌業務が具体的に規定されていることがわかる。第六陸軍技術研究所のような国際法に抵触する可能性がある化学戦（毒ガス）を専門とする研究所も規定されていることに注目したい。しかし、この資料に第九陸軍技術研究所については記載されていない。これは、陸軍内部でさえ、第九陸軍技術研究所が秘匿されていたことを意味している。

第九陸軍技術研究所について単なる記載漏れでないことは、次の資料からより明確になる。

勅令第四九六号
昭和一八年六月一五日
多摩陸軍技術研究所令

表1　陸軍技術研究所の研究分野

研究所	所在地	研究分野・内容	備考
第一陸軍技術研究所	小金井	鉄砲・弾薬・馬具など	
第二陸軍技術研究所	小平	観測・測量・指揮連絡用兵器など	
第三陸軍技術研究所	小金井	爆破用火薬・工兵器材など	
第四陸軍技術研究所	相模原	戦車・装甲車・自動車など	
第五陸軍技術研究所	小平	通信器材・整備器材・電波兵器など	一部が多摩陸軍技術研究所に
第六陸軍技術研究所	百人町	化学兵器(毒ガス)など	
第七陸軍技術研究所	百人町	物理的兵器など	一部が多摩陸軍技術研究所に
第八陸軍技術研究所	小金井	兵器材料・化学工芸など	
第九陸軍技術研究所	登戸	秘密戦・謀略戦用兵器など	一部が多摩陸軍技術研究所に
第十陸軍技術研究所	姫路	海運器材など	
多摩陸軍技術研究所	小金井・小平	電波兵器	1943年6月，第五・七・九陸軍技術研究所の一部を整理統合して設置

（出典）『駿台史学』141（2011年3月）などをもとに作成．

附則
陸軍技術研究所令第一条第一項目中「陸軍所要ノ兵器（航空兵器ヲ除ク以下同ジ）及兵器材料（航空ニ関スルモノヲ除ク以下同ジ）ヲ「陸軍所要の兵器及兵器材料（陸軍航空技術研究所及陸軍多摩技術研究所所掌ノモノヲ除ク以下同ジ）」ニ改メ「航空関係」ノ下ニ「及多摩陸軍技術研究所所掌」ヲ加フ

これはアメリカ軍の圧倒的な航空戦力に対抗するため、多摩陸軍技術研究所が設置されたことを示している。この多摩陸軍技術研究所と陸軍登戸研究所が一体となって電波兵器の研究所として活動する。

さらに翌年の陸達第三八号で、次のように陸軍技術研究所令が改正されていることに注目したい。

昭和一九年五月二六日

昭和一七年陸達第六八号中改正

第九条　第十陸軍技術研究所ニ於テハ左ノ業務ヲ掌ル

一、海運器材及海運器材用燃料脂油ニ関スル調査、研究、考案、設計及試験ニ関スル事項

二、所掌兵器ノ技術ニ関スル事項
三、所掌兵器ノ修理、保存ノ基礎竝ニ所掌兵器部品ノ規格資料ニ関スル事項
四、所掌兵器図書ノ編纂又ハ調製資料ノ作成ニ関スル事項

何と第九条に第十陸軍技術研究所が規定されているのである。第九陸軍技術研究所は陸軍の規定から意識的に排除されていたことを示している。また、一九四三年二月一七日付けで第九陸軍技術研究所名で提出している「状況申告」には、「技術部隊全般ノ改編ニ伴ヒ第九陸軍技術研究所トシテ独立ス防諜上通称号ヲ登戸研究所トナス」とされている。

参謀本部などへ提出する文書には、第九陸軍技術研究所の名前を使っているが、一般的には陸軍登戸研究所という俗称を使用していた。秘密戦・謀略戦のための研究所であったことから、正式名称すら消されていたのである。

登戸研究所の実態――研究内容と研究体制

施設の特徴と編成・職員の状況

登戸研究所に関する第一次資料は極端に少ない。それはこの研究所が秘密戦・謀略戦のための研究所であったため、証拠となるものを残さなかったことによる。戦後も証拠隠滅命令によって基本的資料は消されたと考えられる。しかし、今から一五年くらい前に、ある古書店で、偶然に登戸研究所に関する資料を発見した。「状況申告」がそれである。「状況申告」は一九四三年（昭和一八）に第九陸軍技術研究所所長篠田鐐が提出した文書である。登戸研究所から上級の部署に向けて提出した報告書であると考えられる。その文書から陸軍登戸研究所の施設の状況と編成・職員の状況を見てみたい。

1936年撮影

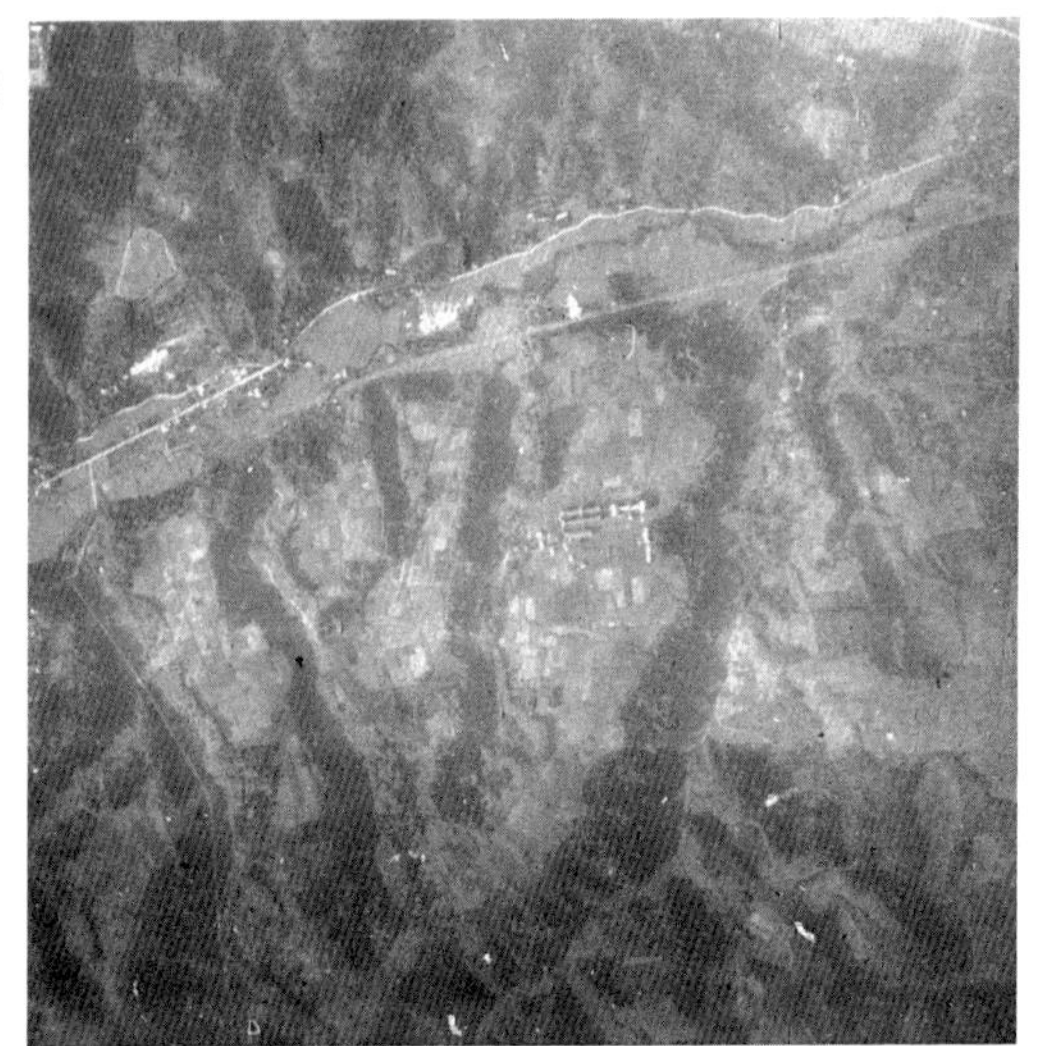

図6　登戸研究所の変遷

1941年撮影

1944年撮影

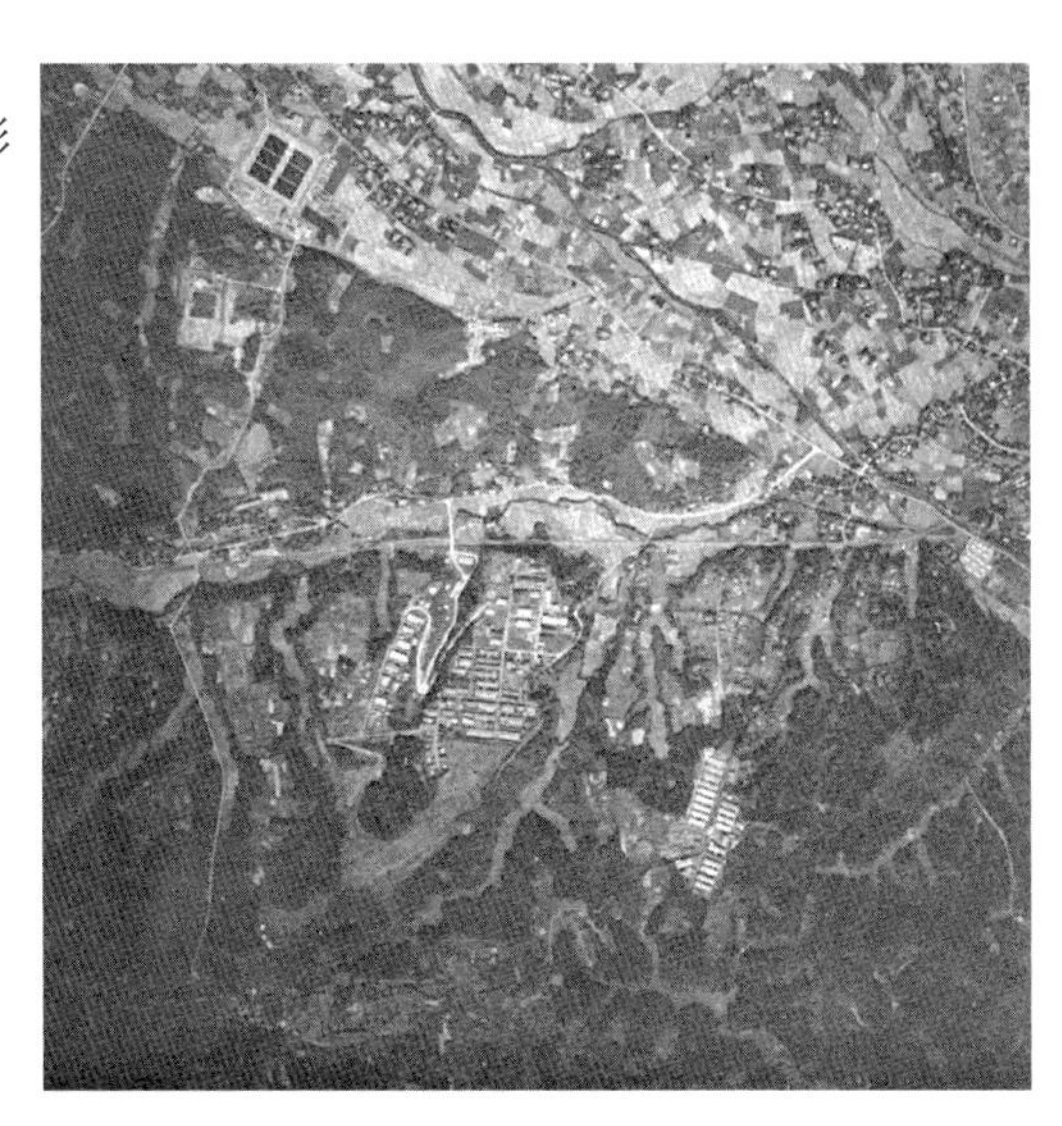

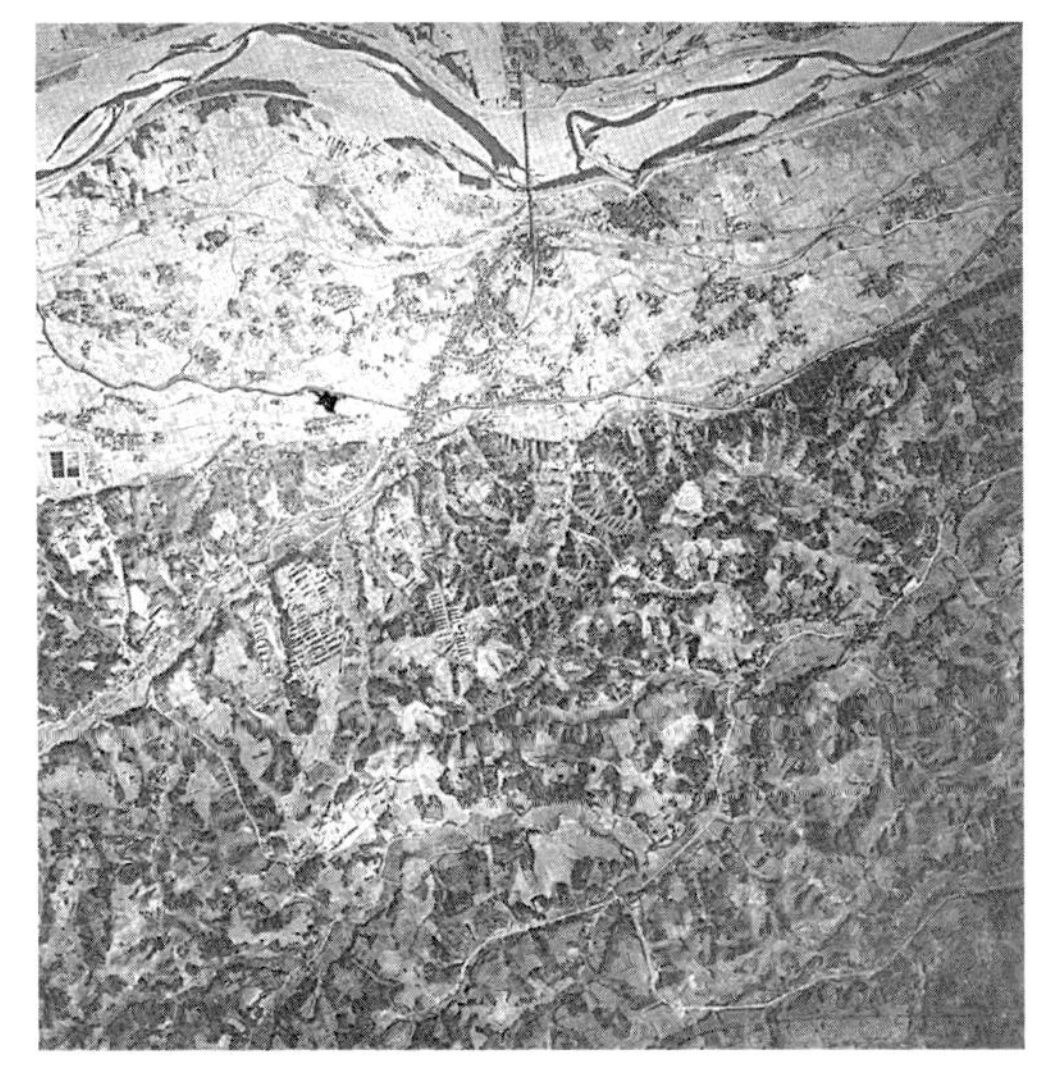

1945年撮影

施設の状況については次のように書かれている。

当研究所ノ所在地ハ多摩川右岸ノ台上ヲ占メ研究ノ実施ニ好個ノ地ナリ機密保持上モ亦好適ナルモ交通及通信ニ少々不便アリ

敷地面積ハ約三十五万平方米建坪約二万平方米アリ其ノ中約一万二千平方米ハ主トシテ研究室竝之ニ附随スルモノニシテ約八千平方米ハ製造工場ナリ

研究室ハ数次ニ亘リ逐次拡張シタル結果尚不備ナル点少ナカラス目下研究遂行上概ネ支障ナキモ医務室炊事場青年学校倉庫等ノ施設ハ極メテ不十分ナル状況ナリ

製造工場ハ昨十七年四月工事ヲ起シ本年一月下旬概ネ完成シ目下内部ノ機械装置取付工事中ニシテ昭和十八年度ヨリハ全面的ニ所内ノ製造ニ邁進シ得ル見込ミナリ

施設ノ拡充ニ関シテハ目下ノ計画ナキモ時局下戦況竝ニ国際情勢ノ推移ニ伴ヒ特殊資材ノ効果ヲ十分発揮センカ為ニハ特定ノ資材ニ対シテハ更ニ画期的ニ生産ノ拡充ヲ要スルモノアリ

施設に関しては、この文書を提出した時期が最も拡充していることがわかる。これに関連し、陸軍参謀本部が撮影した登戸研究所の航空写真で、成立時から敗戦時に至る変遷過程を見てみよう（三四・三五ページ図6）。

一九四一年八月七日に撮影した写真からは、登戸研究所の第一科から第三科までが完成していることがうかがわれる。そして、四四年にはほぼ全体が完成している。秘密戦・謀略戦研究所として整備されてきていることがわかる。

次に、四五年一月一六日に撮影した写真を見てみたい。この時期になると、丘を越えた場所に第四科が整備されてきていることもわかる。なお、この時期になるとアメリカ軍による空襲も想定され、生田（いくた）には高射砲部隊も設置され、登戸研究所の裏の多摩丘陵域（現、生田緑地）は防空公園として接収されていた。一大要塞地帯と化していたのである。

登戸研究所については当時の図面がないので、戦後の資料でしか建物を確認するしかないが、『川崎市多摩農業協同組合史』（農協史刊行会、一九六九年）とあわせてみると、全体の施設が整備された状況が次ページの図7のようなものであったと考えられる。

次に、三九ページの図8をもとに編成・職員の状況を見てみよう。

当研究所ノ業務ヲ庶務科及第一乃至第四科ニ分チ庶務科ハ庶務及経理ヲ第一第二及第三科主トシテ研究ヲ第四科ハ製造ヲ担任シアリ（前掲「状況申告」）

ここから庶務科と第一科から第四科までの編成がされていることがわかる。しかし、研究部門の第一科から第三科までがどういう基準で分けられているのかについてはふれていい

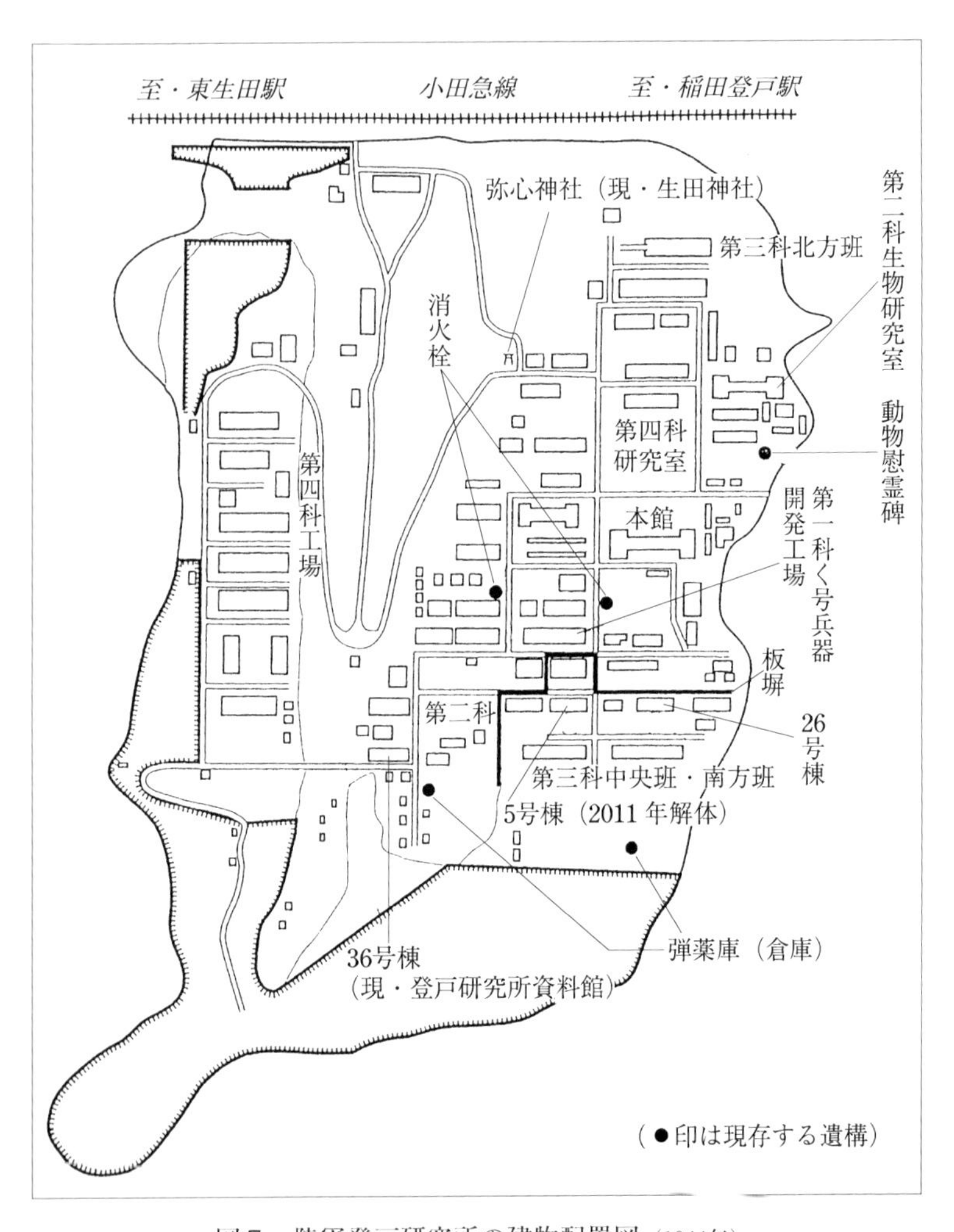

図7　陸軍登戸研究所の建物配置図（1944年）
（出典）『川崎市多摩農業協同組合史』（農協史刊行会，1969年）をもとに作成．

図8　陸軍登戸研究所組織図（一九四四年）

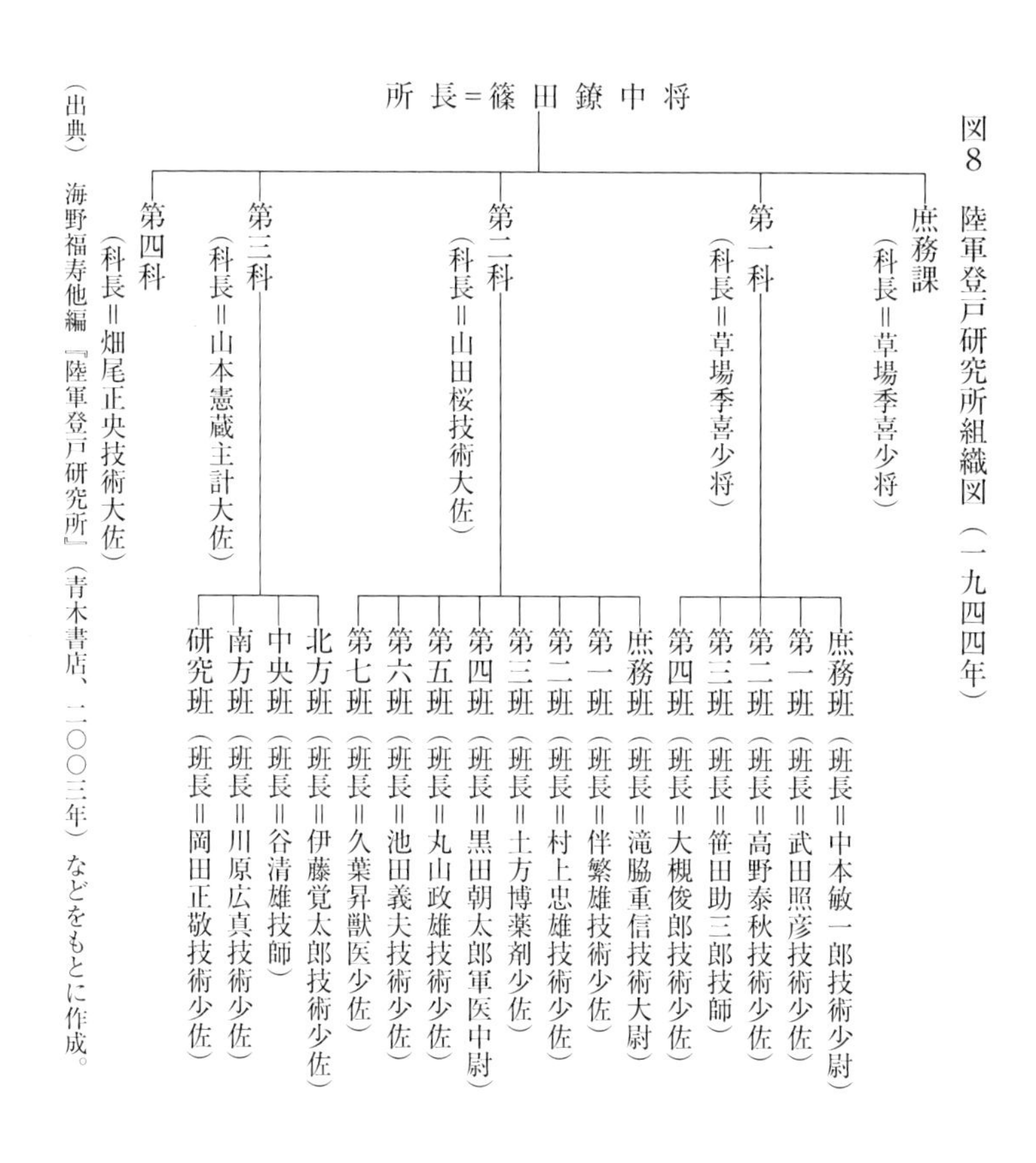

（出典）　海野福寿他編『陸軍登戸研究所』（青木書店、二〇〇三年）などをもとに作成。

ない。ただし、この文書には体制表が掲げられていて、そこから類推することが可能となる。

職員構成としては所長が篠田鐐。庶務科は草場季喜科長のもと高等官九名・判任官一〇名・雇員六一名・工員一〇〇名である。第一科は草場季喜科長のもと高等官一一名・判任官七名・雇員一六名・工員四八名である。第二科は畑尾正央科長のもと高等官二三名・判任官一四名・雇員一五名・工員六四名である。第三科は山本憲蔵科長のもと高等官八名・判任官四名・雇員三七名・工員九七名である。第四科は畑尾正央科長のもと高等官八名・判任官九名・雇員一四名・工員一二五名である。兼務している人もいるが、総員は七三八名とされている。こうした職員の採用にあたっては、「業務ハ甚タシク広範多岐ニ亘リ且極メテ厳ナル秘密保持ヲ必要トスルヲ以テ職員以下ノ人選ニハ特ニ意ヲ用ヒツヽアリ」とされ、憲兵による事前調査などが行われていたという。

秘匿された研究内容

研究は「特殊技術研究」と「一般研究」に分けて行なっていた。そして、「特殊技術研究」は、第一に「電気、物理並びに化学的各種特殊資材の研究」を挙げているが、「特殊資材」とは何かについては全くふれていない。第二には「く号」研究を挙げている。「く号」とはいわゆる怪力線をさす。第三には「ら号」研究を挙げている。「ら号」とはいわゆる電気雲に関する研究をさしている。どのような研究内容かについては後述するが、ここで注目すべきことは電気・物理的な特殊資材だけを記述し、第二科を中心に開発されている化学的特殊資材についてはふれていないことである。

実は、ちょうどこの時期には第二科の研究・開発した特殊理化学資材の研究が評価され陸軍技術有功章を受賞し、徽章・賞状・賞金を東条英機首相兼陸相から授与されているのである。より驚くべきことは、この時期に最も大量に製造され実際に使用されていた、第三科が担当する秘密戦の資材（中国法幣の偽造）についても全くふれていない。陸軍の部内においては陸軍登戸研究所の研究内容は秘匿しても許されるものであったのである。

この文書には製造の状況について次のように記述されている。

研究完成資材ノ製造ニ関シテハ特秘ヲ要スルモノハ全部之ヲ所内ニ於テ普通秘ニ属スルモノハ部分品ヲ部外会社ニ製作セシメ之カ組立及仕上ハ全部之ヲ所内工場ニ於テ実施シ普通ノモノハ之ヲ部外会社ヲ利用スル方法ニ依リテ実施中ナリ而（しか）シテ今日迄緊急ヲ要セシモノハ何レモ研究室ヲ製造室ニ当テ其ノ製造ヲ実施シ要求ヲ充足セリ

（前掲「状況申告」）

「特秘」の資材は全ての工程をここで行なっていることがわかる。この文書には当時整備しつつある資材が種類一一五種・員数一七万・総額四一〇万円と記載されている。

経理と機密保持

経理に関しては次のように記載されている。

当研究所ハ他ノ技術研究所ト趣ヲ異ニシ研究業務ノミナラス製造業務ヲモ担任シアリ然モ其ノ製作品種ハ多種多様ニシテ自然科学ノ所有分野ヲモ含ミアリ又其ノ量モ相当多量ニ達ス然ノミナラス研究ノ特質上機密ヲ要スルモノ極メテ多ク従テ経理業務ハ甚タシク繁忙複雑ナリ

尚購買契約ノ如キモ他ノ技術研究所ト異ナリ特ニ秘密ヲ要スルモノハ金高ニ拘ラス研究所自ラ実施シ得ル如ク規定セラレアリ　（前掲「状況申告」）

陸軍登戸研究所が他の技術研究所と異なった秘密戦用の兵器を開発しているため、経理上も特別扱いされ通常の経理基準を取っていないことがうかがわれる。

一九四二年度の経理の概要からその経理上の規模を見ることができる。

研究費…二二五万円
同旅費……一四万円
製造費…四一〇万円

図９　戦時中の登戸研究所

需品費……二〇万円
合計……六七九万円

ここからは、秘密戦用の兵器の研究・製造を理由に、厳しい予算管理主義を取らずに臨時軍事費から必要経費が支給されていた実態を見ることができる。それも前受金制度を用いて、事前に支給されたという。そのことを裏付ける記述が、この文書の最後に次のように記述されている。

機密保持ニ関スル事項

当研究所ノ業務ハ其ノ特質上機密保持ヲ必要トスルコト極メテ大ナリ特ニ機密ヲ要スル資材ニ就テハ著シク限定セラレタル小数ノ人員ノミヨリ外ハ関知セシメサルモノ少カラス従テ入所者

ノ人選ヲ厳ニシ秘匿名称ヲ使用シ或ハ調弁ニ関スル経理業務上ノ特例ヲ設ケ或ハ資材要部ハ総テ所内ニ於テ製作スル等所有手段ヲ講シテ防諜及機密維持ニ努メツツアリ而シテ機密保持ニ関シテハ目下良好ナル状況ニアリ

（前掲「状況申告」）

ここから、陸軍登戸研究所の特徴が浮かび上がる。それは陸軍内部においても、この研究所は特殊な研究所であるということである。秘密戦用の特殊資材の研究や製造を担当しているので、研究体制も少人数によるプロジェクトを取っていた。また、研究項目も秘匿名を使用し、他者がわからないようにしていた。さらに入所する者の採用も憲兵隊の調査によって行うなど、機密保持がなされていたことがわかる。

電波兵器開発の出発

陸軍科学研究所第一部は物理的部門を担当したが、多田礼吉が所長に就任した一九三六年（昭和一一）からは強力電波発生の研究が本格化した。多田は砲兵観測器具の発明で知られ、陸軍部内では「陸戦兵器の神様」とも呼ばれていた。「時代は『科学の兵器』ではなく『兵器の科学』に進んでいる」という持論を持っていたという。科学研究所は同年一二月三日付で次の研究項目を決定した。

科く号電波ニ関スル研究…大阪帝国大学教授八木秀次

科く号放射線ニ関スル研究…大阪帝国大学教授八木秀次・同菊地正士
科く号衝撃電波ニ関スル研究…航空研究所所員抜山大三
科ら号ニ関スル研究…京都帝国大学教授鳥養利三郎・同助教授林重憲
科ち号ニ関スル研究…航空研究所所員抜山大三

（『陸軍科学研究所秘第七二号』）

こうした秘密兵器は、暗号名を使用して呼ばれているところに特徴がある。「く号」とは「怪力光線」のことである。怪力は戦前は「くわいりき」とルビがふられることからそう名付けられた。「ら号」とは「雷」のことで、人口雷を生じさせる研究である。そして、「ち号」とは「超短波」の兵器化の研究をさした。「く号」は「ち号」の一環として研究されていた。

「く号電波」の研究を指導する八木秀次は、すでに一九二六年（大正一五）に「所謂（いわゆる）殺人光線に就いて」という講演で、「怪力光線」で期待される作用として、「一、飛行機自動車等の操縦妨害。二、生物殺傷。三、火薬爆発。四、空中に電導性瓦斯（ガス）柱を製造」（『日本学術協会報告』第二巻）させる可能性があると述べている。

こうした指摘を受けて、多田は強力な超短波を発生させる装置を作る研究を日本学術振興会の協力のもとで行うことを考えた。そして、一九三三年一二月に日本学術振興会の第一小委員会で、「無線通信の秘密確保に関する研究」をスタートさせた。渋沢元治（東京帝国大学教授）を委員長に、委員には多田のほか箕原勉（海軍技術研究所長）・鯨井恒太郎（東京帝国大学教授兼東京工業大学教授）・抜山平一（東北帝国大学教授）・米山与三七（逓信省工務局長）・高津清（逓信省電気試験所長）・丹波保次郎（日本電気技師長）ら当時の電波研究の中心メンバーからなる陣営であった。そして、この研究は「急務なり」と位置付けられ、研究補助費が一万五五〇〇円にも上った。こうして試作された真空管の実験を行う設備が必要となったのである。

また当時、北海道帝国大学の助手であった笹田助三郎は電波が動植物に与える研究を行なっていた。多田はこうした研究をさらに具体的に進めるため、陸軍科学研究所第一部に所属していた佐竹金次に新しい研究施設の創設を命じたのである。こうして陸軍科学研究所登戸実験場ならびに出張所はこの研究を本格化することになる。

一九三八年四月三〇日に陸軍科学研究所登戸実験場が設置された際の主な任務分担は次のようなものであった。

実験場長…草場季喜

「く号」研究…松山直樹・笹田助三郎・山田愿蔵（げんぞう）
大型真空管製作製造…曽根有・宇津木虎次郎
「ち号」研究…佐竹金次・松平頼明・幾島英
「ら号」研究…村岡勝・大槻俊郎

このセクションが第九陸軍科学研究所（陸軍登戸研究所）となった際に、第一科と位置付けられていくのである。

篠田鐐と秘密戦研究体制

陸軍では参謀本部第二部が秘密戦を担当し、秘密戦兵器・資材の開発は陸軍科学研究所第二部の篠田鐐研究室が担当した。

篠田は陸軍士官学校を卒業後、陸軍より派遣されて東京帝国大学工学部・同大学院で学んだ。繊維素化学の専攻だったが、陸軍登戸出張所長になってからは秘密戦兵器の研究の中心を担っていく。

特に陸軍登戸研究所の所長になってからは、次のような基本的理念を説示したという。

一、世界の秘密戦、情報戦、謀略戦に対し、技術者として、まず欧米各国の技術的情報の収集に専念せよ。

二、各種の技術情報を総合し、分析し、評価し、たんなる「インフォメーション」でなく「インテリジェンス」化を実施せよ。

三、満州事変以来、秘密戦機関の技術研究は、防諜→諜報→謀略→宣伝の順序として体系化するが、諜報、謀略をプライオリティとせよ。

四、研究業務の遂行にあたり、いかなるテーマでも基礎研究と応用研究を共に実施し、時にはプロジェクトチームの編成と、その手段、方法を明確にして、最終目的を達成する。

五、今日はアイデアとイマジネーションの時代であることを考え、努めて研究予算を節減し、研究開発時代にふさわしい、新規性、独創性兵器の出現に一層努力せよ。

六、研究計画は、長期計画と短期計画とに明確に二分し、前者は将来性ある「ライフサイクル」の長い新兵器に、後者は即効性を期待し得る新兵器の生産を目標とする。

七、技術革新の今日に即応するため〝明日に挑む新技術・新兵器〟を「キャッチフレーズ」として、自主技術の開発を主目標とし、従として、産学協同による大学、公的機関の技術的指導・協力を積極的に求め、可及的に迅速に優秀な協力工場の量産生産を目標に新兵器の出現に努力する。

（伴繁雄『陸軍登戸研究所の真実』芙蓉書房出版、二〇〇一年）

篠田は、秘密戦の体系化研究のため、丸善洋書部と特約し米洋書をはじめとする諜報戦・謀略戦の本を取りそろえていく。そして、「諜報器材」「防諜資材」「謀略資材」「宣伝資材」の四分野に大別し、第一科を物理的兵器研究、第二科を生物・化学兵器研究、第三科を印刷関係器材と分類し、後に兵器製造分野として第四科を設置していくのである。

こうした体制では主として「諜報」「謀略」が重視されるため、当初の電波兵器関係の研究・開発は次第に他の研究機関に移行することになったのである。

また、陸軍登戸研究所の所員としては理科・工科・薬学・医学系諸学校などから有能な人材が専門分野別に採用された。その詳細の資料は存在しないが、第二科については一九四三年頃の記録である『雑書綴』から技術関係職員の学歴を見ることができる（九四〜九五ページの表4）。専門分野別に見ると、化学七人・薬学七人・写真六人・農学五人・染色関係二人・獣医学二人に医学・物理・電気・機械が各一人である。

軍産学協同の立場から見ると、日本のトップクラスの大学教授や民間企業の技師・研究者が嘱託として研究に参加する体制が取られたことがわかる。

五〇ページ以降の表2に見るように、「主務嘱託」は五二人であり、他に「兼務嘱託」が八木秀次・藤原咲平（さくへい）ら一二人である。最初に嘱託になったのは、京都帝国大学工学部教

表2　陸軍登戸研究所の嘱託研究者

主務嘱託

氏　名	本　　職	学位	任命年月日	扱	研究事項	兼務
林　重憲	京大工学部教授	工博	1936. 1. 21	奏扱	登四号	
矢野道也	内閣印刷局技師	工博	1938. 4. 1	奏扱	登三号	
松本純三	内閣印刷局技師		同	奏扱	登三号	
菅沢重彦	東大医学部教授	薬博	同	奏扱	登三号	
勝沼六郎	名大医学部教授	医博	1939. 4. 17	奏扱	登三号	
浅見義弘	北大工学部教授	工博	1939. 7. 20	奏扱	登一号	
宇田新太郎	東北大工学部教授	工博	1940. 4. 30	奏扱	登四号	五研
漆原義之	東大理学部教授	理博	1940. 3. 14	奏扱	登三号	
蓑島　高	北大医学部教授	医博	1940. 3. 31	奏扱	登一号	
川島秀雄	農林省獣疫調査所技師		1940. 5. 6	奏扱	登三号	
上野繁蔵	東工大染料化学科教授	理博	1940. 8. 1	奏扱	登四号	八研
長尾不二夫	京大工学部教授	工博	1940. 8. 14	奏扱	団体燃料機関の研究	三研
植月　皓	阪大理学部講師		1940. 11. 11	奏扱	登四号	
鈴木桃太郎	都立高工校教授		1941. 7. 31	奏扱	登一号	
藍野祐久	東大農学部講師		1941. 11. 11	奏扱	登三号	
堀　義路	藤原工大応用化学科教授		1942. 1. 31	奏扱	登二号	
浦本政三郎	東京慈恵会医科大学教授	医博	1942. 8. 31	奏扱	登四号	
内田　亨	北大医学部教授	理博	同	奏扱	登三号	
高木誠司	京大医学部教授	薬博	同	奏扱	登三号	
上田武雄	京大医学部助教授	薬博	同	奏扱	登三号	
神田英蔵	東北大助教授	理博	1943. 6. 15	奏扱	登二号	八研
林　　清	川西機械製作所技師		1943. 7. 24	奏扱	登一号	
河田源三	服部時計店技師長		同	奏扱	登二号	
草野俊助	東大農学部名誉教授	理博	同	奏扱	登三号	
原　三郎	東医専教授	医博	同	奏扱	登四号	
鏑木外岐雄	東大農学部教授	理博	1943. 8. 2	奏扱	登三号	
山本祐徳	東大工学部教授	工博	同	奏扱	登三号	
植村　琢	東工大教授	理博	同	奏扱	登四号	

（表２つづき）

安保　壽	北大医学部教授	医博	1943. 8. 2			
中宮次郎	理研技師	農博	1943. 8. 14	奏扱	登四号	
豊田堅三郎	航研技師		1943. 9. 30	奏扱	登二号	
酒井敏一	彫刻師		1943. 11. 27	奏扱	登三号	
田中正道	芝浦電気参事		1943. 12. 7	奏扱	登四号	二研
中村哲哉	農林省獣疫調査所技師	農博	同	奏扱	登三号	
中田幾久治	凸版印刷株式会社技師		1943. 12. 15	奏扱	登三号	
田中丑雄	東大農学部教授	農博	1944. 1. 17	奏扱	登三号	六研
池田　博	東大農学部農芸化学科副手・理研副研究員		1944. 2. 1	奏扱	登三号	
斉藤幸男	東工大助教授	工博	1944. 1. 17	奏扱	登一号	
伊佐山伊三郎	朝鮮総督府家畜衛生研究所長		1944. 5. 1	奏扱	登三号	
中村稕治	朝鮮総督府家畜衛生研究所技師	農博	同	奏扱	登三号	
大久保準三	東北大教授・科学計測研究所長		同	奏扱	鑑四号	
青木豊蔵	株式会社大信社取締役養蜂社養蜂学講師		1944. 6. 1	奏扱	登三号	
荒川秀俊	中央気象台技師		1944. 5. 1	奏扱	登二号	
佐々木達治郎	東大工学部教授・航空研究所所員		同	奏扱	登二号	
渕　秀隆	中央気象台技師		同	奏扱	登二号	
西田彰三	小樽経済専門学校講師		同	奏扱	登二号	
大倉東一	東京都衛生技師		同	奏扱	登二号	
多田　潔	横河電気製作所技師		同	奏扱	登二号	
松岡　茂	東北大医学部助教授	医博	1944. 8. 1	奏扱	登一号	
田中　元	朝鮮総督府技師		1944. 11. 11	奏扱	登三号	
杉野目晴貞	北大理学部教授	理博	同	奏扱	登三号	
門倉則之	日本精密機械電気株式会社技術部長	工博	1944. 12. 1	奏扱	登一号	

（表２つづき）
兼務嘱託

氏　名	本　　職	学位	発令年月日	扱	研究事項	兼務
永井雄三郎			1944. 12. 1		登三号	四研
鳥養利三郎			同		団体燃料機関の研究	四研
八木秀次	兵器行政本部		同		登二号	
沢井郁太			同		団体燃料機関の研究	二研
前田憲一			同		登四号	五研
尾形輝太郎			同		登三号	七研
富永　斉			1944. 4. 21		登三号	八研
大槻虎男			1944. 7. 21		登二号	二研
千谷利三			同		登二号	六研
藤原咲平			同		登二号	六研
真島正市			同		登二号	七研
森田　清			同		登二号	五研

（出典）伴繁雄『陸軍登戸研究所の真実』をもとに作成.

授の林重憲で、一九三六年一月二一日の発令である。陸軍科学研究所登戸実験場が設置されるのが翌三七年であるから、陸軍科学研究所の嘱託として電波兵器の開発に従事したのであろう。次は三八年四月一日に嘱託となった内閣印刷局の矢野道也と松本純三である。この二人は第三科の中国法幣の偽造印刷の指導のために嘱託となったと思われる。以後、四二年にかけて理学博士・医学博士・薬学博士などの学者が嘱託に委嘱されている。これは第二科の生物・化学兵器の研究が活発化する動きと関係している。さらに四三年からは大学だけでなく、川西機械製作所技師・服部時計店技師長、芝浦電気参事、横河電気製作所技師、日本精密機械電気株式会社技術部長などの企業技術者が嘱託になった。また、中央気象台からも二名の技師が嘱託になった。彼らは風船爆弾の研究スタッフであった。

こうして予算規模も昭和二〇年度は約六五〇〇万円にのぼっていった。これは一〇ある陸軍技術研究所の予算総額が約三五〇〇万円であったことを考えると、いかに飛び抜けたものであったかを示している。

兵器の研究・開発と謀略戦

第一科の活動内容――物理学兵器の研究・開発

電波兵器の研究・開発

草場季喜少将を科長とする陸軍登戸研究所第一科は、陸軍科学研究所登戸出張所として出発した。電波兵器を開発することを主目的としていた。

ここで研究・開発したものに関する正式な資料は存在していない。しかし、第一科で電波兵器の開発に関わった山田愿蔵が、戦後すぐにアメリカに提供した資料を筆写した、いわゆる『山田愿蔵の手記』（資料館所蔵）があり、そこから第一科の状況を概観したい。

登戸研究所は超短波の研究を精力的に行なっていたと山田は証言する。これは秘匿名を「ち号」研究と言う。以下、山田の手記にある研究内容を記すと次のようになる。

1　超短波発振に関する研究

昭和一五年　三米(メートル)波…二〇「キロワット」
　　　　　　二〇糎(センチ)波…三〇「ワット」

昭和一六年　二米波…一〇「キロワット」
　　　　　　二〇糎波…五〇「ワット」（編制改正により七研に移管）

昭和一九年　八〇糎波…三〇「キロワット」
　　　　　　二〇糎波…一「キロワット」

昭和二〇年　八〇糎波…三〇〇「キロワット」
　　　　　　並列にて一〇〇〇「キロワット」を企画

2　超短波集勢の研究

昭和一九年　楕円形反射鏡及び施転放物線反射鏡につき詳細にその電界分布の状況を試験す。

昭和二〇年　十米反射鏡を設計し北安分室に施工中、終戦。別に導波管及び電磁ラッパに関する基礎研究を開始。

3　真空管製作に関する研究

表３　第一科の組織と研究内容

	班	班　長	研究内容
第一科長＝草場季喜少将	庶務班	中本敏一郎技術少尉	
	第一班	武田照彦技術少佐	B型気球(風船爆弾)・宣伝用器材(拡声器付き自動車)など
	第二班	高野泰秋技術少佐	特殊無線装置・ラジオゾンデなど
	第三班	笹田助三郎技師	怪力光線など
	第四班	大槻俊郎技術少佐	A型気球・人工雷など
	顧　問	八木秀次博士・藤原咲平博士・佐々木達治郎博士・真島正市博士	
	嘱　託	荒川秀俊博士・豊田堅三郎技師ら	

（出典）『駿台史学』141（2011年３月）などをもとに作成．

昭和一五年　マグネトロン及び三極管の製作法に関する基礎研究。

昭和一六年　編制改正により七研に移管す。

昭和一八年　超短波効果の研究進捗に伴い大電力管の必要性を認め、真空管の設計に着手す。

昭和一九年　八〇粍三〇キロワット及び四〇粍一〇キロワットマグネトロンを完成。

昭和二〇年　八〇粍三〇〇キロワット及び二〇粍一〇〇キロワットを目途とする真空管を設計制作中、終戦。

4　真空管材料及び超短波用絶縁物の研究

昭和一五年　主としてタンデルタの優良

なる磁器の研究に着手。
昭和一六年　編制改正に伴い八研に移管す。
5　ドプラー効果を利用するロケーターの基礎研究
昭和一五年　主として基礎研究部門の研究を担当す。
昭和一六年　編制改正に伴い七研に移管す。
6　生物に対する効果の研究
昭和一五年　主として蓄電器電場内に於いて生物に対する殺傷効果を研究。
昭和一六年　主として楕円形の一焦点に空中線を置き他の焦点に生物（鼠、二十日鼠、兎）を置き之に対する殺傷効果の研究。
昭和一七年　殺傷効果の原因を生理学的及び病理学的に探求。
昭和一八年　各種波長により殺傷効果を探求し、一米～六〇糎級に於いて肺出血を死因とし、六〇糎以下に於いては脳の異常を原因とすることを認む。
昭和一九年　主としてやや大なる電力を以て輻射電場における効果（距離一〇米乃至三〇米）につき研究す。
昭和二〇年　大電力電場にて研究して軍事的用途を見出さんとし計画中、終戦となる。

7　発動機機関に対する効果の研究

昭和一七年　自動車用機関の運動停止に関し研究に着手。

昭和一八年　遮蔽十分ならざる機関は容易に同調電波により運転を停止することを確かむ。

昭和一九年　飛行機機関につき研究す。遮蔽良好にして効果少なし。スリットよりの電波の出入りにつき研究す。

昭和二〇年　スリットよりの電波の出入りにつき研究を継続す。

8　化学的効果に関する研究

昭和一五年　超短波火花をカタライザーとして硝酸合成につき研究す。三〇%の増収を認めたるも実用効果少なきにつき中止す。

昭和一六年　同じく潤滑油の粘土増加に関し研究す。大なる成果を収めるに至らず。

昭和一七年　アセチレンの合成に際しプロビニールとディプニールアセチレンの生成比率につき研究す。

昭和一八年　右研究を継続す。プロビニールアセチレンの生成比率が低周波に於けるよりも相当優秀なるを確かむ。

　昭和二〇年　化学効果の研究の大電力にての再興せんとするも終戦となる。

ここから、超短波兵器の一環として秘匿名「く号」兵器、いわゆる怪力（当時のルビで「くわいりき」）光線の研究をしていたこともわかる。「ち号」はいわゆるレーダーの研究で、具体的には電波探知機の開発であった。こうした研究は東北帝国大学の岡部金次郎の発明した分割陽極マグネトロンを基礎としたもので、「ち号」研究としては佐竹金次・松平頼明・幾島英が担当した。一九四三年にはこの分野は多摩陸軍技術研究所に移動し、戦争末期には関西出張所として兵庫県宝塚市にも実験場を置いていた。

　それに対して「く号」は怪力光線を発射する兵器で、その頭文字を取って名付けられた。草場季喜の報告によると、松山直樹を中心に北海道帝国大学で電波を照射して動物植物に与える影響を研究していた笹田助三郎、そして山田愿蔵が担当した。一九四〇年には三米波五〇キロワットの発振で数十メートル先の生物を殺傷する実験に成功した。しかし、実用化はしなかった。

気球爆弾の研究・開発

次に、山田はアメリカ向けの風船爆弾の研究を進めていたことも証言している。これについては、アメリカが自国に到達した風船爆弾を克明に調査し、その研究状況を把握しようと接近してきていることから、この時点で証言できる範囲で記述したものと思われる。

1　宣伝用伝単散布に使用する気球の研究
昭和一五年　中径一・五米～一・八米につき研究し、之を該気球消却法、水素充塡用具、夜間標定用具、付属資材の研究を概成す。紙製気球の生産を継続す。
昭和一七年　同右の生産を継続す。
昭和一八年　同右。

2　防空用としての四～六米気球の研究
昭和一六年　防空用として四～六米気球に関して研究す。
昭和一七年　同右研究を継続し、之が生産を研究す。

3　距離三〇〇〇キロメートルを目途とする気球爆弾の研究
昭和一七年　東京空襲後、研究開始を命ぜられ、六米気球を以て研究に着手す。
二月　西日本より試験し、一〇〇〇キロメートルの到達を確認す。

八月　三〇時間の滞空記録を得たり。海軍の潜水艦不足により中止す。

4　距離一〇〇〇〇キロメートルを目途とする気球爆弾A型の研究

昭和一八年九月　研究を命ぜられ、十メートル気球高度一〇〇〇〇キロメートルを以て研究す。

昭和一九年　二～三月約二〇〇球を以て試験す。四月より改良研究及び生産をなす。一一月より実用せらる。

昭和二〇年　四月まで実用せられ、その間、改良研究を実施す。来年度使用の目途なきを指示せられ、研究を中止す。

5　同B型の研究

昭和一八年　原理に関し基礎研究を開始す。

昭和一九年　年初より試作を開始す。

昭和二〇年　三月以降実用の目途を以て生産せるも、三月空襲により全面的に消失せるにより中止す。

6　紙製気球多量生産の為、製紙及び粘合機械化の研究

昭和一六年　製紙装置を設備し、基礎研究に着手す。

昭和一七年　粘合装置を設備し、製紙及び粘合方式の研究をなす。
昭和一八年　同右継続せるも、紙質尚十分なるを得ず。
昭和一九年　同右継続し、優良なる紙質を得るに至れり。
昭和二〇年　更に気球皮につき研究せるも、成功するに至らず。気球爆弾中止と共に研究を中止す。

7　水素発生に関する研究

昭和一五年　宣伝用気球の為、珪素鉄と苛性曹達（かせいソーダ）とを利用する軽便なる発生車を研究完成す。
昭和一六年　アンモニア液体の分解による水素発生装置を研究す。
昭和一七年　概成したるも、水素発生車を製作するに至らず、中止す。
昭和一八年　水素化カルシュウムの製法につき研究す。
昭和一九年　潜水艦利用中止せられしにより研究を中止す。気球水素の空中補給を目途として液体水素及び容器につき研究す。
昭和二〇年　研究を中止す。

8　放球施設、観測施設の研究

昭和一八年　放球方法及び観測方法に就いて研究に着手す。
昭和一九年　同右の研究を続行し、且つ気球の上空における運動に関し種々観測を実施す。
昭和二〇年　研究を中止す。

9　太平洋気象調査の研究

昭和一八年　太平洋上気象の概要を把握せんとして調査に着手す。
昭和一九年　太平洋冬期の高層気象、水面上の気象資料を元として概算整理す。

風船爆弾の物理的な研究状況については、ほぼ正確に証言しているものと見ることができる。ただし、後述するとおり、細菌兵器を搭載する計画などについてはもちろん秘匿している。

無線通信機の研究・開発

さらに第一科が研究・開発していたものとして、無線通信機や人口雷（「ら号」）の研究、発動機やX線の研究についても次のように証言している。

1　小型無線通信機の研究

昭和一五年　将来の機甲戦を予想し、小型にして通信距離大なるものの研究を開始す。
昭和一六年　距離五〇〇キロメートル以内の小型送受信機を完成す。
昭和一七年　距離一五〇〇キロメートル内外の小型無線機を完成す。
昭和一八年　右小型無線機の簡素化を完了す。発電機を完成す。
昭和一九年　右無線機及び発電機の生産を開始す。制式無線機材の隘路打開の為、簡易なる送受信機の研究を開始す。
昭和二〇年　同右の生産を継続。右無線機を完成し生産に移行せんとして終戦に至る。

2　方向探知機の研究

昭和一六年　憲兵器材の一部として不法発振探知機研究を開始す。近接用小型探知機を概成す。
昭和一七年　近接用小型探知機を完成す。距離一〇キロメートル以内の携帯型探知機を概成す。
昭和一八年　携帯型探知機を改良し、距離四〇メートルの探知を可能ならしむ。
昭和一九年　右記両型式の生産を開始す。ブラウン管を利用して傍受電波の波形を鑑別し、併せて上波を含む散乱波域の探知を可能ならしむ。
昭和二〇年　同右の生産を継続す。
3　雑音抑圧の研究
昭和一六年　通信距離増大を目途とし、受信機雑音抑圧の研究を開始す。
昭和一七年　濾波回路に於ける時定数を利用し、一部雑音の抑圧に成功す。
4　気球爆弾観測用ラジオゾンデの研究
昭和一八年　各種ラジオゾンデの研究に集中す。マルチバイブレーター変調を利用し、特徴ある発振停止をなさしむ。
昭和一九年　特に遠距離用として出力四〇ワット級のラジオゾンデを完成す。
昭和二〇年　研究中止。
次に、粉末帯電による人工雷や発動機・超高圧X線に関する研究については、
1　粉末帯電による擬似雷に関する研究
昭和一五年　各種粉末を高速気流により攪乱し、静電帯を起こさしむ、之を擬似雷として利用し得るや否やを判定せんとす。
昭和一六年　約五〇種の粉末につき試験し、澱粉最も良好なるを認め、一グラム当

り一クーロンの帯電を起こさしむるを確かむ。

昭和一七年　袋を仲介とするときは強力なる放電を得るも、外界に於いては困難なるを以って軍用途の目途なきにより中止す。

2　飛行機発動機の発する火花放電を受信し、之を標定せんとする研究

昭和一五年　飛行機発動機の発する火花放電の周波数分布につき研究するも、特に顕著なる極大値を認めず。

昭和一六年　最適なる受信方式を研究したる結果、数米に於ける超再生受信方式を採用す。

昭和一七年　八木アンテナを伴う六米受信波一〇キロメートルまでの受信可能なるを認めしも、超短波ロケーターの実用化に伴い研究を中止す。

3　固体燃料発動機に関する研究

昭和一六年　液体燃料の不足を補う為、固形粉末により発動機を運転せんとし研究を開始す。

昭和一七年　数種の粉末を試験し、右松子（まつかさ）の成績良好なるも、資源不足なるため石炭粉末につき研究す。

昭和一八年　発動機の運転一応可能なるも、磨損大なると共に南方石油の輸入容易なりたる為、研究を中止す。

4　超高圧X線に関する研究

昭和一六年　一〇〇万ボルトX線及び中性子発生装置を設計す。

昭和一七年　同右試験す。

昭和一八年　完成据え付けを完了し、之が運転に関し研究し、何らか軍用目途なきやを探究す。

昭和一九年　軍用目途として適切なきを以つて中止す。

この資料は一九四六年（昭和二一）に元陸軍登戸研究所第一科科長の草場季喜が起草したものだと言われる。第一科についてはほぼ正確な内容が記述されている。

詳しい分析は後述するが、時系列的に見ると、第一科は一九四〇年から四三年までの前期は主として電波兵器の開発に力点を置いていたことがわかる。四三年以降の後期は主として風船爆弾関係に力点を移していたと言えよう。そして、それとは別に一貫して研究・開発されていたのが、特務機関員が使う無線機・盗聴機などの物理的な兵器であった。国民に「終戦」を伝えた天皇の「玉音放送」の録音盤も、この第一科が製造したものであったという。

風船爆弾の研究・開発

陸軍登戸研究所第一科第一班では「せ」号兵器、つまり宣伝器材の研究を担当していた。主に拡声器付き自動車などを開発し、中国大陸に送っていたが、満洲の諜報機関から伝単（宣伝ビラ）を飛ばすための器材の研究・開発を要請された。そこで取り組まれたのが、「ふ号」兵器の開発であった。

前章の資料で示されているように、第一科第一班では一九四〇年（昭和一五）から和紙によって製造された風船を兵器化して水素ガスでふくらませ、それに伝単を付けてソ連のウラジオストク方面に飛ばす宣伝兵器を開発していた。これが、アメリカ向け風船爆弾開発として応用されることとなる。

一九四二年六月に日本海軍はミッドウェー海戦に敗北し、戦局は一挙に悪化した。アメリカ軍の日本本土空襲が懸念される事態となった。しかし、日本の長距離爆撃機の開発は遅れ、海軍の艦船も次第に消耗していた。そうした状況下、四二年八月一五日に参謀本部作戦課は「決戦兵器考案ニ関スル作戦上ノ要望」（防衛省防衛研究所図書館所蔵）を各陸軍技術研究所などに求めた。それは次のようなものであった。

世界戦争完遂ノ為、決戦兵器ノ考案ヲ要望ス。

決戦兵器トハ決勝ヲ求ムル兵器ノ意ニシテ、敵ノ各種攻撃法ヲ制シ、或ハ敵ヲ奇襲シテ常ニ敵ノ技術的手段ヲ凌駕シ、適切ナル運用ト相俟テ、戦闘ニ於テ最後ノ勝利ヲ獲得セントスルモノナリ。（中略）

第一、一両年以内ニ実現ヲ要望スルモノ。（中略）

八、電波戦兵器ノ画期的改善。（中略）

第二、数年以内ニ実現ヲ要望スルモノ。

一、対米屈服、英本土、欧「ソ」等奇襲ノ為、遠距離空襲、若(もしく)ハ上陸用兵器資材ノ考察並ニ是等(これら)国民ノ戦意ヲ喪失セシムルニ足ル各種技術的手段ノ考案。

（中略）

(二)特殊気球（「フ」号装置）ノ能力増大。

太平洋横断ヲ可能ナラシム。（中略）

(四)耕作地ヲ焦土タラシムベキ薬品。

二、敵側抗戦意志屈服ノ為、神経戦兵器ノ考案。（後略）

この方針を受けて、陸軍登戸研究所では各種決戦兵器の開発が求められることになる。とりわけ、第一科では電波兵器や風船爆弾についての開発が急務とされた。

図10　風船爆弾全体図

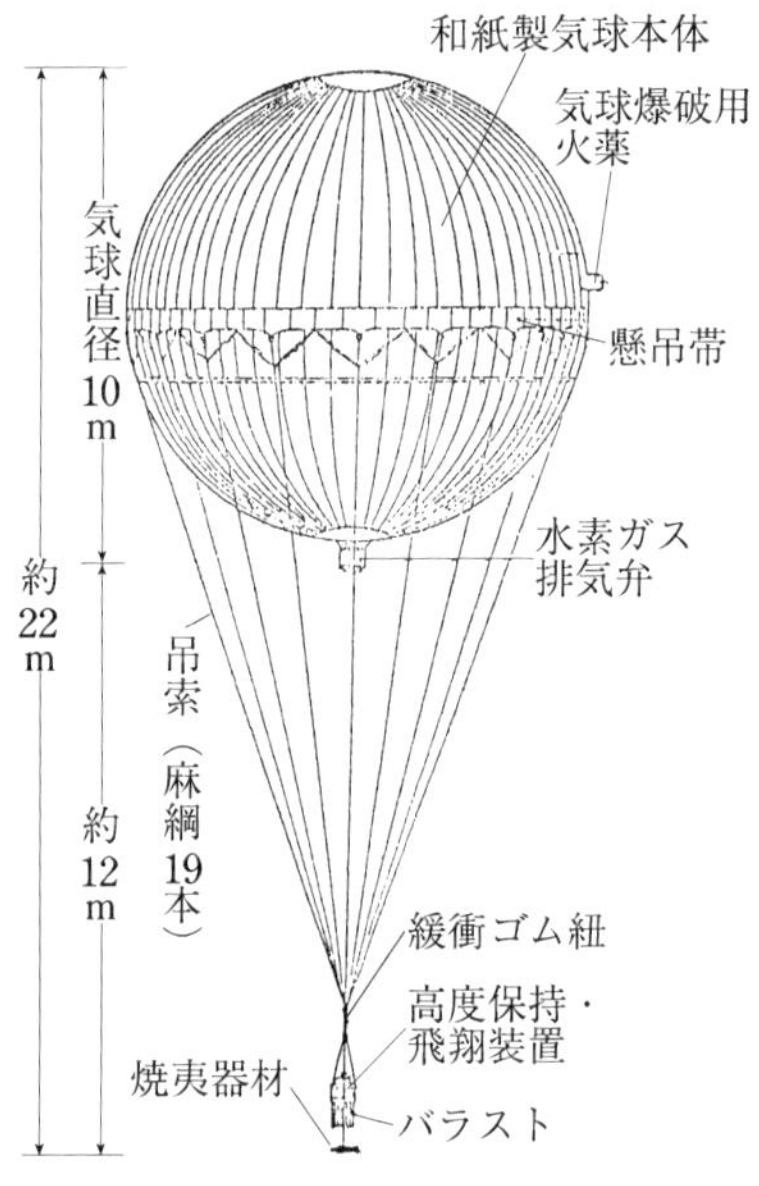

図11　風船爆弾10分の1模型（資料館所蔵）

一九四二年に入ると高度三〇〇〇メートルを飛ぶことが可能な気球爆弾の研究を開始した。そして、八月には三〇時間の滞空記録を得る。当時、第一科第一班に所属していた武田照彦は次のように述べている。

昭和十七年の暮れに直径五米のものが出来て千葉県一の宮海岸で実験が行われました。この時は簡単な道具で、一定の時間間隔で砂袋を落とすようにして最長五時間の飛翔記録を得られました。その時の風速は一〇〇キロでしたから五〇〇キロ飛んだことになりますが、人は乗っていないし、九十九里浜から太平洋に飛び去ってしまうので、本当に五〇〇キロ行ったかどうか疑問でした。それともう一つ気になったことは、無線で高度を観測していると、どうも途中で段々降下してしまう傾向があることでした。（米子実験）皆で意見を出し合って検討した結果、この第一の問題については、もっと西の方から飛ばしてみたらということで、島根県の米子海岸から上げてみました。この時は登研の宛名と「拾った方は場所を書いて投函をお願いします」と印刷した郵便はがきを砂の代わりにまいて行くようにしてみました。これで最長七〇〇キロほぼ真東に行ったことを確認できたのです。（下降の原因）第二の問題の検討会では、風船が割れる、小穴があって水素がもれる、下降気流のためなどいろいろな議論があり、実験も行われましたが、とりあえずは、その原因の探求より下降するという事実を認めて、バラスト（砂袋）投下などの方策を優先することになったのです。このあたりが平時の学問研究との違いともみられますが、これによって目的の達成が早くなったことも認められます。

（「埼玉県立小川高校の問い合わせに答えた手紙」より）

この証言から、いかにこの時期に急いで開発されたがわかる。また、研究開発の特徴として、「平時の学問研究との違い」が見られると武田が言うとおり、原因よりより早く結果が出されることが求められた。

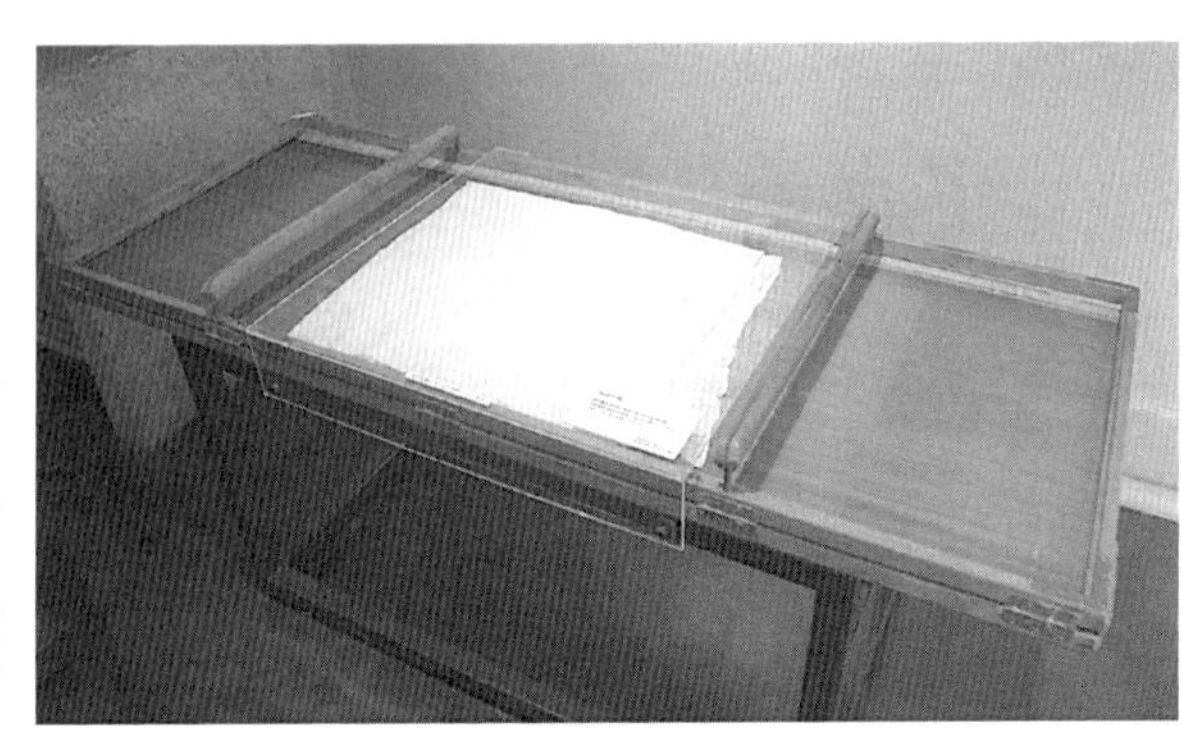

図12　風船爆弾用和紙の製造に使用された紙漉き機（資料館所蔵）

こうして開発された気球は、翌四三年初頭には海軍の潜水艦を使った本格的実験が検討されることとなる。潜水艦を使えばアメリカ大陸の一〇〇〇キロメートル付近まで近接が可能となり、アメリカ大陸に接近した潜水艦から風船爆弾を上げれば攻撃が可能だとの判断からだった。ところが、陸海軍の対立や海軍の潜水艦不足などから三月に海軍は実験参加を断った。そのため本土から八〇〇〇キロメートル離れたアメリカ本土を攻撃できる兵器としての研究・開発が急がれることとなった。偏西風に乗せてアメリカに向けて浮遊させた際には二昼夜半かかるので、放球後の気球内ガスは、昼夜間の温度差が大きくなり、昼夜を通じ等高度に浮遊させる技術の開発が課題となった。登戸研究所では気球部分の和紙をはり合せる強度を強くする研究や、高度維持装置を開発し、自動的にバラスト（重り）を投下して高度を回復する研究がなされた。そして、一九四三年四月末にはバラスト投下の簡単な装置を付けた六メートル気球が、滞空三三時間、二回の日没時を飛行し続けた記録がラジオゾンデで確認されるようになった。

同年八月、兵器行政本部は風船爆弾の本格的な作戦に入ることを決定した。それを受けて、登戸研究所では総合的な研究・開発体制が取られた。第一科では大槻俊郎少佐のほか吉崎・中岡・藤井中尉らが加わった。第二科では搭載する細菌兵器の研究が開始され、第三科では和紙の研究・製造が急がれた。とりわけ機械漉きによる製造の開発にとりかかる。そして、一一月には最初の気球を完成させた。さらに翌年二月から三月にかけて約二〇〇個の気球を製造し、千葉県一の宮海岸で大規模な放球実験を行なった。

一九四四年三月には陸軍で風船爆弾作戦の研究・開発体制の拡充がはかられた。そして、九月にはその主要な体制が確立する。それは次のようなものであった。

主務研究所　第九陸軍技術研究所所長　篠田鐐（しのだりよう）中将

研究主任　草場季喜少将

顧問　八木秀次博士・真島正市博士・佐々木達治郎博士・藤原咲平博士

A型気球の研究主任　大槻俊郎少佐

B型気球の研究主任　武田照彦少佐

ラジオゾンデの研究　高野泰秋少佐

（前掲『山田愿蔵の手記』）

この指導体制の下に第五技術研究所には浮遊状態を正確に把握するため、気球航跡の標定の開発を求めた。第八技術研究所に材料面の研究、第二陸軍造兵廠研究所には搭載する爆弾に使用する火薬・焼夷弾などの研究・開発が、陸軍気象部にラジオゾンデと気象の研究が、中央気象台に太平洋気流の研究などが課せられた。壮大な対米決戦兵器の研究プロジェクトとなったのである。そして、九月八日には軍令陸甲第一二四号により大本営機密直属部隊として「富号作戦部隊」が編制され、一〇月一六日に「『ふ』号に関する技術運用委員会」が開かれ、一〇月二五日に以下のような攻撃命令が発せられた。

大陸指第二二五三号

命令

一、米国内攪乱等ノ目的ヲ以テ、米国本土ニ対シ特殊攻撃ヲ実施セントス。

二、気球連隊長ハ、左記ニ準拠シ特殊攻撃ヲ実施スベシ。

㈠実施期間ハ十一月初頭ヨリ明春三月頃迄ト予定スルモ、状況ニ依リ之カ終了時期ヲ更ニ延長スルコトアリ。

攻撃開始ハ概（おおむ）ネ十一月一日トス。但シ十一月以前ニ於テモ気象観測ノ目的ヲ以テ試射ヲ実施スルコトヲ得。試射ニ方（あた）リテハ、実弾ヲ装着スルコトヲ得。

㈡投下物料ハ、爆弾及焼夷弾トシ、其概数左ノ如シ。

十五瓩（キロ）爆弾　約七五〇〇箇

五瓩焼夷弾　約三〇〇〇〇箇

十二瓩焼夷弾　約七五〇〇箇

㈢放球ハ、約一五〇〇〇箇トシ、月別放球標準概ネ左ノ如シ。

十一月　約五〇〇箇トシ、五日迄ノ放球数ヲ勉(つと)メテ大ナラシム。
十二月　約三五〇〇箇
一月　約四五〇〇箇
二月　約四五〇〇箇
三月　約二〇〇〇箇
放球数ハ更ニ一〇〇〇箇増加スルコトアリ。
㈣放球実施ニ方リテハ、気象判断ヲ適正ナラシメ、以テ帝国領土内並ニ「ソ」領ヘノ落下ヲ防止スルト共ニ、米国本土到達率ヲ大ナラシムルニ勉ム。
三、機密保持ニ関シテハ、特ニ左記事項ニ留意スヘシ。
㈠機密保持ノ主眼ハ、特殊攻撃ニ関スル企図ヲ軍ノ内外ニ対シ秘匿スルニ在リ。
㈡陣地ノ諸施設ハ上空並ニ海上ニ対シ極力遮断ス。
㈢放球ハ気象状況之ヲ許ス限リ黎明、薄暮及夜間ニ実施スルニ勉ム。
四、今次特殊攻撃ヲ「富号試験」ト呼称ス。
昭和十九年十月二十五日
参謀総長　梅津美治郎

気球連隊長　井上茂殿

風船爆弾の成果

風船爆弾作戦のねらいは、アメリカ本土を直接攻撃して脅威を与えることであった。しかし、一〇メートルの和紙の気球は、重さ三〇キログラムの爆弾しか積めなかった。そこで研究・開発されたのが細菌兵器であった。一九四四年（昭和一九）一一月三日から翌年の四月二九日まで、千葉県一宮・茨城県大津・福島県勿来（なこそ）の各発射基地から、風船爆弾がアメリカに向けて打ち上げられた。発射基地が三ヵ所にしぼられたのは、参謀本部の決定による。ソ連圏に絶対に飛来しないように指示されたため、調査を重ねて場所を設定することとなったのである。しかし、その日は事故のため失敗し、一一月七日以降翌年の四月二九日まで、三つの基地から九三〇〇発の風船爆弾が打ち上げられた。この作戦の中心的なねらいは、沖縄戦同様に本土決戦を一日でも遅らせようとした謀略作戦だったと言えよう。

アメリカが日本の細菌戦に対して特別の体制を取ったのは一九四四年に入ってからであった。二月一四日に、国防総省（ペンタゴン）が、「敵は次第に劣勢となっており、やけになって生物戦に走る危険がある」と指令官全員に緊急警告を発し、証拠書類を送るよう命じていた。アメリカ陸軍の生物・化学兵器の秘密研究所基地であるフォートデトリックはメリーランド州に置かれていた。戦後、日本の細菌戦を調査するために来日したムーレイ・サンダース中佐も細菌学者としてそこに勤務していた。

四四年一一月、サンダースのもとに緊急電話がかかってきた。モンタナ州で奇妙な風船が見つかったというものであった。数時間のうちに一〇個を超える風船の発見が報告された。ただちに対応が協議され、ワシントンに風船が集められ、調査が開始された。同時に厳しい報道管制が敷かれたのである。膨大な調査・報告書が作成された。そこからわかることは、第一にアメリカが細菌戦に対して警戒心を強めていたことである。第二に高度維持装置を付けて偏西風に載せて太平洋を横断させるという日本の技術力への脅威であった。

この風船爆弾作戦によって、一九四五年五月にオレゴン州の公園で牧師の妻と教会に通う五人の子どもが死亡する事故が発生した。それ以降、アメリカ政府は情報を公開する方針に転換し、太平洋上で風船爆弾を爆破する作戦を展開するなど細菌戦に対する警戒を強める結果を生み出した。敗戦直後の四五年八月にサンダースらが来日し、登戸研究所関係者からの尋問を開始したのはこうした細菌戦準備の内容を把握しようとしたためであった。

アメリカの徹底的な報復を怖れ、爆弾としては一五キロ爆弾と焼夷弾が搭載されていたが、それでアメリカに大きな被害を与える可能性は少ない。したがって、この「特殊作戦」は「細菌爆弾を搭載」する可能性を示す謀略作戦として実施されたものであった。

登戸研究所が中心として実施したこの作戦に対しては、一九四五年（昭和二〇）四月二九日に陸軍技術有功章が授与された。その理由は、「ふ号兵器ノ考案研究ニ従事シ未夕類例ヲ見サル新兵器ヲ完成シ以テ戦局ニ寄与」したことによるものであった。授章したのは第一科の草場季喜・大槻俊郎・武田照彦の三名で、協力者として第三科の伊藤覚太郎らも授章した。しかし、細菌兵器研究者は含まれていない。四月二九日は風船爆弾作戦が終了した日であり、論功行賞として与えられたものと考えられる。

細菌兵器の研究・開発

登戸研究所第二科では当初から謀略兵器として細菌兵器の研究をしていた。その中心として農林省獣疫調査所技師で家畜衛生研究所の主任研究員であった川島秀雄が嘱託として活動していた。川島は東京帝国大学農学部獣医学科で微生物学を専攻し、細菌学および病毒学（ウイルス学）の権威として知られていた。登戸研究所第二科に対しては、一九四三年に入り、風船爆弾に搭載する細菌兵器の開発が求められた。その課題を具体化するために、四月に陸軍獣医学校を卒業した久葉昇（くばのぼる）が入所した。川島の推薦もあって久葉が入所したのである。

当時、久葉が所属し新たに設置された登戸研究所第二科第七班の編成は、将校四人で、うち一人は技師、一人は嘱託であった。下士官は三人で、うち二人は技手。兵は五人で、すべて工員であった。

久葉は川島らが想定した実戦を企図した家畜伝染病の爆発的流行の方策の研究・開発に従事した。それはおおむね次のようなものであった。

一、牛疫（ぎゅうえき）および豚コレラの爆発的流行。
二、重点を牛疫の研究におき、豚コレラを従とする。
三、満洲における自然発生牛疫の強毒野外病毒の分離。
四、分離病毒の牛継代による毒力の強化。
五、長期毒力の保存を目的として、病毒の凍結乾燥による粉末化。
六、強力粉末化病毒を用いて牛に対する野外実験。
七、強毒粉末病毒を積載した風船爆弾を用いての牛の大量殺戮。

こうして、風船爆弾に積載する牛疫ウイルスの研究・開発が進められた。登戸研究所がこのプロジェクトの主務研究所であったが、それに牛疫の権威であった朝鮮総督府家畜衛生研究所（釜山の岩南）の中村稕治、釜山家畜衛生研究所の伊佐山伊三郎らが協力した。また、研究協力者としては日本高等獣医学校を卒業した堀田徳郎が加わった。

牛疫ウイルスの研究・開発

ここで言う牛疫とは、『軍陣獣医学提要』（陸軍獣医学校編、一九四三年）で次のようなものと定義されている。

牛ノ伝染病中最モ悪性ノモノナリ。満州支那ニ常在ス。特ニ其ノ芽胞ハ多年地下ニ存在シ、一大流行ヲ来スコト稀ナラズ。然(しか)レトモ一回本症ニ罹(かか)リ治癒セハ免疫性ヲ得、潜伏期ハ六乃至九日ナルモ時トシテ極メテ迅速ナルモノアリ。特徴ハ体温上昇脈拍細数（六〇乃至一二〇）トナリ沈鬱食欲減少眼結膜ハ潮江、疼痛症状ヲ呈ス。後期ハ流涎(りゅうぜん)多ク劇性下痢ニ変シ血液ヲ混ス。歩様蹣跚且(まんさんかつ)口内、歯齦(しぎん)、鼻腔粘膜ニ赤斑ヲ生シ、次テ爛斑ニ変シ出血シ易シ。時トシテ腹部四肢内面、会陰部、乳房等ニ小結節及膿胞ヲ生ス。

満洲に生息している牛疫を培養し強毒化し、それを粉末化し、乾燥凍結して兵器化し、アメリカ人の食べる牛を殺傷する細菌兵器を開発・製造しようとしたのである。

まず、野外強毒病毒の分離は奉天満鉄獣医研究所の協力の下に行われた。満洲の牛疫流行地域で採取した病毒は国内に持ち込まれ、牛疫病毒の継代と毒力検定がなされた。そして、強力な毒力を持つ牛疫病毒の分離に成功すると、次に乾燥牛疫病毒の製造に入った。粉末病毒を製造し、製造年月日や牛の継代番号などを記入のうえ冷凍庫に保存し、さらに健康牛に接種し病毒を強力にした。

その後、凍結乾燥した粉末病毒の毒力検定に入った。この実験では、まず対熱日光暴露実験を行なって凍結乾燥した病毒が生きているかを検定した。さらに零下七〇度の低温耐過実験を行なった。そして、病毒が生きていることを確認した。これは、常温で打ち上げられた細菌が、上空での夜間の低温にも耐えて兵器として使用できるかどうかの実験であった。

こうして実験したうえで、実戦に応用するための予備実験を朝鮮総督府家畜衛生研究所で行なった。

実験は当初、失敗の連続であった。ウイルスは消化器感染すると考えられており、そうした実験が繰り返されていたが、その結果は誤りであった。ところが、偶然に病毒を鼻孔に噴霧した牛が斃死（へいし）したことから肺感染の可能性が考えられた。そこで新たにそうした実験を行なったところ、すべての牛に強い陽性が確認されたのである。なお、この実験中に病毒部から約一〇〇メートル離れた細菌部につないでおいた牛一〇頭が斃死するという事態も生じた。二つの部には人的な移動がなかったことから、粉末病毒が四散して感染したと想定された。粉末病毒のすごさを示すものであった。

この実験結果をもとに、一九四四年五月から牛疫野外実験が行われた。場所は朝鮮釜山、岩南にある血清研究所の西方、洛東江河口の三角州の一部（甘泉地区）で、比較的平坦な広い地区が選ばれた。

そのときの実験について久葉は、『陸軍第九技術研究所概要』（未刊、一九九〇年）で次のように述べている。

私は、釜山憲兵隊隊長に協力を依頼し、堀田氏は実験前日から現地に泊まり込み、風速、風向その他周囲の状況の調査に専念した。登戸研究所からは、私以下六名で五月十日釜山に到着した。第八陸軍技術研究所からは爆破専門の宮崎准尉ら六名が参加した。

実験の任務分担は、爆破係、監視係（牛の運搬、配列）、写真撮影および炊事係としてそれぞれ配分した。

粉末病毒の散布は打ち上げ花火を使った。空中で火薬の熱が粉末病毒におよぶのを防止するため、防熱用に薄い板を張った三重のボール箱をつくり、もっとも内側の箱に粉末病毒五〇グラムを入れた。打ち上げ花火用爆破装置は、宮崎准尉が準備し、釜山の研究所に送付した。

実験に使った牛は十頭で、固定の杭に立たせたままつなぎ、発火地点より風下三十メートルに位置する第一線に三頭、その他は図のような配置にした（図省略）。この配列は研究所の小高い丘で、風の状態と小麦粉の落下実験を十数回にわたって行い、そのデータを参考にしたものである。

実験当日は北風、風速二〜三メートルの微風であった。開始の合図で点火、打ち上げられて空中で爆発した瞬間、わずかに黄色の粉末病毒は、北風に流され第一線の牛三頭の頭部から斜め下方に向かった。次いで第二、三線の牛の頭部を中心に幅広い面積に拡散し、牛の全群を包み、大きな網の中に捕獲するような状態に粉末病毒が飛散した。この実験結果は理想的といえるほどであった。爆発の状態は堀田嘱託が一六ミリ映画に収めた。爆発の瞬間、私は期せずして中村技師と相寄り、事後の処置を検討した。粉末病毒は、牛の鼻腔内に吸引されているのを確認し、実験はこの一回で中止した。

牛は釜山から船で岩南近くの海岸まで引き船で運び、家畜衛生研究所の隔離牛舎に収容し、当日から臨床観察を行った。収容後三日目には、供試牛十頭のすべてに発熱を認め、下痢など定型的牛疫の症状が表れ、七日前後で全頭が死亡した。粉末病毒に

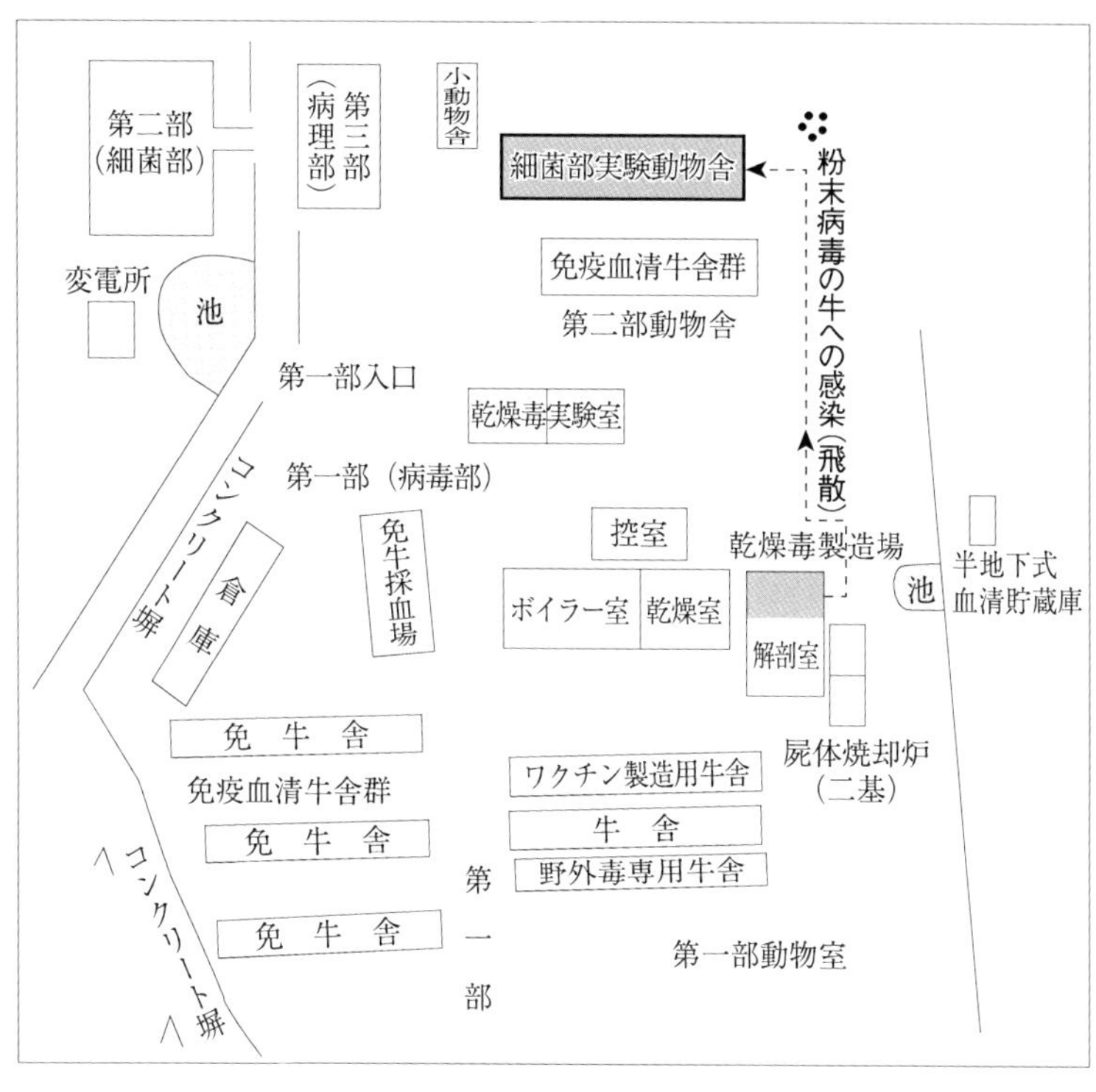

図13　朝鮮総督府家畜衛生研究所の建物配置図
（出典）久葉昇『陸軍第九技術研究所概要』（1990年）をもとに作成.

よる実験は一回で成功したのである。

朝鮮総督府家畜衛生研究所は、一九一一年（明治四四）に農商務省牛疫血清製造所として設置され、一九一八年（大正七）に朝鮮総督府獣疫血清製造所となり、牛疫以外の家畜伝染病の免疫血清も製造していた。しかし、家畜を安全に飼育することは植民地朝鮮にとってのみならず日本国内でも重要なことから、四二年には朝鮮総督府家畜衛生研究所として拡充され（八七ページ図13）、現在のソウル郊外、安養にも支所が設置された。ここでは中村らを中心に牛疫ワクチンの研究が展開され、ウサギを使用したワクチン開発を行い、大きな成果を挙げていた。その内容は『史上最大の伝染病牛疫』（山内一也、岩波書店、二〇〇九年）に詳述されている。

その中村ワクチンを開発していた場所で、それとは正反対のアメリカの牛を殺すための牛疫ウイルスの開発と実験をしていたのである。なお、牛疫ウイルスを実験した場所は、戦後は在朝鮮米軍政庁家畜衛生研究所となり、九四年に韓国国立獣医科学研究所になった。さらに九八年には国立獣医科学検疫院釜山支所となっている。当時の面影を残すものとして、牛疫血清製造所時代の動物慰霊碑と屍体焼却炉跡が残っている（図14・15）。

釜山で行われた牛疫病毒についての研究は、満洲一〇〇部隊（関東軍軍馬防疫廠）でも

図14　牛疫血清製造所時代の動物慰霊碑（大韓民国釜山広域市所在）

図15　同上屍体焼却炉跡（同上所在）

行われていた。久葉は釜山での実験終了後、満洲一〇〇部隊兼務となりハルビンでも実験を行なった。

こうして完成した乾燥凍結した牛疫の粉末病毒が風船爆弾に搭載するため大量生産が可能かどうかを検討するための参謀本部の会議が、一九四四年九月に開かれた。参加したのは、参謀本部作戦主任・後方主任参謀をはじめ、登戸研究所より久葉と中村嘱託、満洲一〇〇部隊より若松中佐、陸軍獣医学校より久池井中佐、農林省獣医研究所より中村哲哉所長が参加した。この会議で乾燥凍結した牛疫粉末病毒二〇トンを風船爆弾に搭載し打ち上げれば、アメリカの牛に大きな打撃が与えられることが確認された。

なお、この時期には陸軍防疫給水部の内藤良一が登戸研究所に兼務していた。彼は、登戸研究所では主として爆弾の信管部分の研究を担当していた。細菌爆弾として使用予定の陶器製爆弾の耐用の可能性を研究・開発しようとしていたのであろう。同時に内藤は、防疫研究室室長として一九四四年四月に開設した軍医学校新潟出張所でペスト菌の培養も計画していた。これは風船爆弾にペスト菌を搭載する計画もあったことを示している。

しかし、一九四四年には、日本の敗色は疑うべくもなかった。参謀本部は、一方では細菌兵器の開発をしつつも、実際にそれを打ち上げてしまうと徹底的なアメリカの攻撃を受け、「国体護持」の条件による和平ができなくなることを怖れた。したがって、「細菌兵器がある」と見せかけつつ、焼夷弾による風船爆弾を打ち上げることになったのである。

第二科の活動内容——生物化学兵器とスパイ用品の研究・開発

秘密戦とは、諜報・防諜・謀略・宣伝などの作戦による戦闘をさす。この作戦は、訓練された特務機関員と彼らが使用する武器によってその成否が決まる。

陸軍中野学校と登戸研究所

日中戦争初期には、この作戦は外地憲兵隊によって行われていた。しかし、日中戦争が全面化すると本格的な秘密戦作戦が必要となった。一九三六年（昭和一一）に岩畔豪雄（いわぐろたけお）が「諜報、謀略の科学化」という意見書を参謀本部に提出した。この意見が取り上げられ、翌年一二月、参謀本部第二部に影佐禎昭（かげささだあき）を課長とする第八課が設置されたのである。ここは俗に謀略課と呼ばれた。同じ頃、秘密戦全般を担当する人材育成のための教育機関も具体化され、陸軍兵務局に情報勤務養成所設立委員会が設置された。そして、翌三八年三月に第一回選抜試験が行われ、七月に後方勤務要員養成所が発足した。初代所長は秋草俊で幹事が福本亀治、訓育係が伊藤佐又であった。第一期生は愛国婦人会で育成されたが、三九年三月に旧中野電信学校跡地に移転、五月一一日に軍令陸乙第一三号（五月一五日施行）により正式に設置された。翌四〇年八月に陸軍省直轄の学校となり、陸軍中野学校と呼ばれるようになった。ここで秘密戦の要員が育成された。そして、こうした機関に所属する要員が使用する武器のほとんどが、登戸研究所で研究・開発・製造されることとなった。

秘密戦と第二科

登戸研究所では、当初、電波兵器を研究・開発していた。しかし、日中戦争の長期化にともない、秘密戦・謀略戦で要員が使用する器材の研究・開発が中心となっていった。それらの概要は以下のとおりである。

〈諜報器材〉

諜報器材とは、主として特務機関員や外地憲兵隊などがスパイ活動に用いるもので、無線の傍受、有線電信電話の盗聴録音、秘密の通信方法、暗号の解読、信書の開封・復元などのための器材をさす。こうした器材の研究・開発は主として物理的器材は第一科が、生

表4　第二科技術関係職員の学歴

身　分	氏　名	卒　業　学　校
兵技大尉	伴　繁雄	浜松高等工業学校応用化学科
同	村上忠雄	横浜高等工業学校電気化学科
薬剤大尉	滝塚旬郎	千葉医科大学附属薬学専門部
兵技大尉	丸山政雄	東京写真専門学校写真科
兵技中尉	大野健二	北海道帝国大学理学部化学科
同	高倉金次	京都帝国大学工学部機械工学科
同	中内正夫	東京帝国大学理学部化学科
同	長谷倫夫	名古屋高等工業学校色染科
同	岩本帰一郎	東京工業大学応用化学科
軍医中尉	黒田朝太郎	京城帝国大学医学部医学科
兵技中尉	滝脇重信	千葉医科大学附属薬学専門部薬学科
同	有川俊一	東京工業大学染料化学科
同	吉崎満郎	東京物理学校応用化学科
兵技少尉	豊田元樹	長岡高等工業学校応用物理科
同	宮本重光	東京写真専門学校写真理学科
同	小堀文雄	熊本薬学専門学校薬学科
同	細川陽一郎	東京高等工芸学校印刷科写真部
同	今井利雄	明治薬学専門学校薬学科
陸軍技師	池田義夫	東京帝国大学農学部農学科
同	北沢隆次	浜松高等工業学校応用化学科
陸軍技手	小平勝治	東京美術学校臨時写真科
同	土方　博	明治薬学専門学校薬学科
同	長谷川恒男	日本大学専門部写真科
同	朝山　晃	東京高等獣医学校本科
同	藤沼智忠	東京農業大学農学科
同	新関一郎	東京農業大学農学科
同	坂東孝治	東京農業大学専門部農芸化学科
雇　員	高柳良雄	明治薬学専門学校薬学科

（表4つづき）

雇　員	大窪俊男	日本東京獣医学校本科
同	土生昶申	東京高等農林学校農学科
同	大石進一	千葉医科大学附属薬学専門部薬学科
同	小泉緑朗	東京写真専門学校写真理学科
同	島倉栄太郎	蔵前工業電修学校応用化学科

（出典）『雑書綴』をもとに作成.

物・化学的器材は第二科が担当した。それらの器材を個別に見れば次のようなものである。

一、無線傍受用全波受信機。

二、有線電信電話の盗聴用特殊増幅器および可搬式録音器。

三、窃話用増幅器および可搬用録音器。

四、不法発信探索用携帯用方向探知器。

五、科学的秘密通信法（主として秘密インキや写真術利用型秘密通信法がある）。たとえば、普通型秘密インキ・紫外線型秘密インキ・赤外線型秘密インキ・X線型秘密インキや写真化学利用法、ドイツ方式による超縮写法など。

六、小型偽装写真機や活動写真撮影機。たとえば、ライター型・マッチ型・ステッキ型・チョッキボタン型・ハンドバック型・カバン型写真機など。

七、遠距離撮影用望遠写真機・夜間撮影用暗中写真機・水中撮影用水中写真機・秘密撮影用潜望写真機など。

八、複写装置として、一般万能複写装置・自動式迅速複写装置・電気複写機・携帯用連続複写装置など。
九、封書・小包の開封還元用器材・開梱還元用器材など。
一〇、特殊秘密通信用具。たとえば、オブラート製特殊通信紙および硝化紙よりなる証拠隠滅用秘密通信用特殊紙。
一一、開鍵および窃取用器材。

〈防諜・憲兵用器材〉

憲兵や特殊防諜機関が使用するための器材で、これも主として第一科・第二科が研究・開発し、第四科が製造した。主なものは次のようなものである。

一、現場検証器材（現場指紋採取用具・見取り図製作用具・現場写真用具・痕跡採取用具）など。
二、写真器材（現場写真用具・複写用具・暗室用具・引伸し器材・映写器材・感光材料・処理薬剤など）。
三、郵便検閲器材（開封および還元器材・梱包検閲用器材・秘密書信・発見用具など）。
四、捜査および隠密聴見器材（偽装潜望鏡・潜視鏡・窃話用増幅器・可搬式録音器など）。

五、理化学鑑識資材（爆破資材および放火資材の簡易鑑識器材、一般犯罪の理化学鑑識器材を含む）。

六、法医鑑識器材（簡易毒物検知用具、血液・体液鑑識薬品、その他毒物鑑識用具薬剤一式）。

七、無線探査器材（不法発振波の精密捜査用全波受信機、地上波・空間波ならびに散乱波の直視鑑別用波形鑑別機、傍受機、近距離散乱波用方向探知機、近接方向探知機）。

〈宣伝器材、その他雑器材〉

宣伝器材とは、特務機関員や外地憲兵隊などが、自国が有利になるような宣伝を多様な器材を用いて展開するためのものである。その他の雑器材とは、斥候活動に必要な多種多様な器材のことである。

一、せ号車（「せ」とは宣伝の暗号名。せ号車とは自動車車体に印刷機・印刷材料・強力遠距離放声装置・無線電話機・録音装置、発声映写装置などを搭載した特殊自動車のこと）。

二、せ弾投射機。

三、宣伝用噴進弾。

四、宣伝用花火。

五、宣伝用アドバルーン。
六、変装資材（顔面変装用資材・変装用服装・携行用鬘（かつら）・変装用化粧用具など）。
七、隠密聴見資材（ステッキ型潜望鏡・鍵穴のぞき用具・鑑別鏡・尾行者探知用バックミラーなど）。
八、逮捕および自衛用具（犯人抵抗防止用電撃器・簡易自動手錠・テロ防止および犯人検挙用防弾チョッキなど）。
九、訊問および防盗用具としてのうそ発見器、特殊警報装置、電気的光学的方法による各種防盗装置、高圧式安全金庫など。
一〇、警察犬資材およびその運用法として合成特殊薬剤利用による番犬追跡防避法、発情剤および麻痺剤利用による警戒犬突破法など。

〈謀略器材〉
謀略器材とは爆破・殺傷・焼夷（放火）・細菌・偽騙（ぎへん）・潜行・連絡・潜在など、秘密戦における重要な戦術に使用するものを一般的にいう。目的や対象によって集団謀略用と個人謀略用がある。

【破壊謀略器材】

一、爆破・殺傷資材（各種偽騙爆薬）。実際例には、缶詰型・煉瓦型・石炭型・チューブ型・トランク型・梱包箱型・帯型・磁石式爆薬など。
二、点火方式としては即時点火具と時限点火具があるが、秘密戦では後者が多い。
三、機械的妨害用具（汽車・電車・自動車などの機械的妨害用具）。
四、明暗信管および温度信管など。

【放火謀略器材】
一、放火資材の種類は成型煉瓦型焼夷剤・石鹸型焼夷剤・焼夷筒・散布焼夷筒・発射焼夷筒・焼夷板など。
二、点火方式としては即時点火具と時限点火具の二つがあるが、秘密戦ではほとんどが時計式時限信管（機械的または電気的）・化学時限信管を使用した。
三、機械的妨害用具（汽車・電車・自動車などの機械的妨害用具）。
四、明暗信管および温度信管など。

【殺傷謀略器材】
一、偽騙拳銃（万年筆型拳銃・ステッキ型拳銃など）。

【毒物謀略器材】

表5　第二科の組織と研究内容

	班	班　長	研　究　内　容
第二科長＝山田桜技術大佐	庶務班	滝脇重信技術大尉	
	第一班	伴繁雄技術少佐	秘密インキ・オブラート紙・風船爆弾(材料研究)・気圧信管・焼夷剤・爆薬・毒性化合物など
	第二班	村上忠雄技術少佐	毒物合成・「エ号」剤など
	第三班	土方博薬剤少佐	毒性化合物・青酸化合物(青酸ニトリール)・耐水マッチなど
	第四班	黒田朝太郎軍医中尉	細菌(炭疽菌)・対動物用細菌・各種毒物など
	第五班	丸山政雄技術少佐	秘密カメラ(ライター型・マッチ型・ステッキ型など)・特殊カメラ(遠距離撮影用・夜間撮影用など)・超縮写装置など
	第六班	池田義夫技術少佐	対植物用細菌(小麦条斑病菌など)・土壌破壊菌・真菌・昆虫(ニカメイチュウ)など
	第七班	久葉昇獣医少佐	対動物用細菌(牛疫ウィルス)など

（出典）『駿台史学』141（2011年3月）などをもとに作成.

一、毒物には即効性と遅効性の二種類あるが、秘密戦にあたっては主として後者が多い。また、使用面からは経口用・刺殺用・吸入用・催眠用がある。天然の毒性植物を利用することも多く、一般の運用法としてはコーヒー・紅茶・ビール・酒・ウイスキー・菓子・果物・医薬品などに混入して使用。

二、細菌謀略資材（牛などの動物殺害用や食糧植物を枯らすためのものなど）。

三、経済謀略器材（他国の偽造紙幣の製造など）。

以上は、日本兵器工業会編『陸戦兵器総覧』（図書出版社、一九七七年）をもとに整理しなおしたものであるが、ここから秘密戦を担当する要員が必要とする特殊兵器を開発していた状況の一端がわかる。日中戦争の長期化と中国側の激しい抵抗により、参謀本部はこうした秘密戦に次第に傾斜していったのである。

第二科の科学者たち—第一班

第二科は七班の編成から成り立っていた。第一班の班長は伴繁雄であった。伴は一九二七年（昭和二）に浜松高等工業学校を卒業後、陸軍科学研究所に入所。登戸（のぼりと）研究所第二科発足時にここに移動してきた。そして、陸軍中野学校の教官も兼務していた。したがって、他の部署にも精通する役割を担っていた。この第一班が主に担当したのが、科学的秘密通信法や防諜機材・破壊謀略器材・憲兵科学装備器財・遊撃部隊兵器などの研究・開発であった。

特に伴が中心となって開発したものに、特殊蛍光体利用の紫外線秘密インキや赤外線フィルターを使った特殊インキ、X線造影剤を使用した秘密インキなどがある。これらは秘密通信用として活用された。また、ヨード万能発見液など秘密インキの解読法も研究されていた。その他、切手や封筒の膠着(こうちゃく)剤をはがす薬品の開発や水溶性の秘密通信紙、マッチの炎を消した後の火玉にふれると一瞬のうちに残滓(ざんし)を全く残さず燃え尽きる特殊な通信用紙なども開発した。これらは秘密戦で特務機関員が使用した。また、外地憲兵隊でも活用された。

陸軍中野学校が一九四三年頃作成した『破壊殺傷教程』には謀略戦のあり方について次のように記述されている。

第一編　一般教則

第一章　意義

一、破壊殺傷法（破・殺法）とは、秘密戦の実施にあたり、人、動物、物件及び通信に対し、これが消滅または機能を停止減退せしむる方法をいふ。しかして、破壊殺傷のためには、個人を以つて行ふもの及び小(ママ)数団体を以つて、集団的に行なふもの

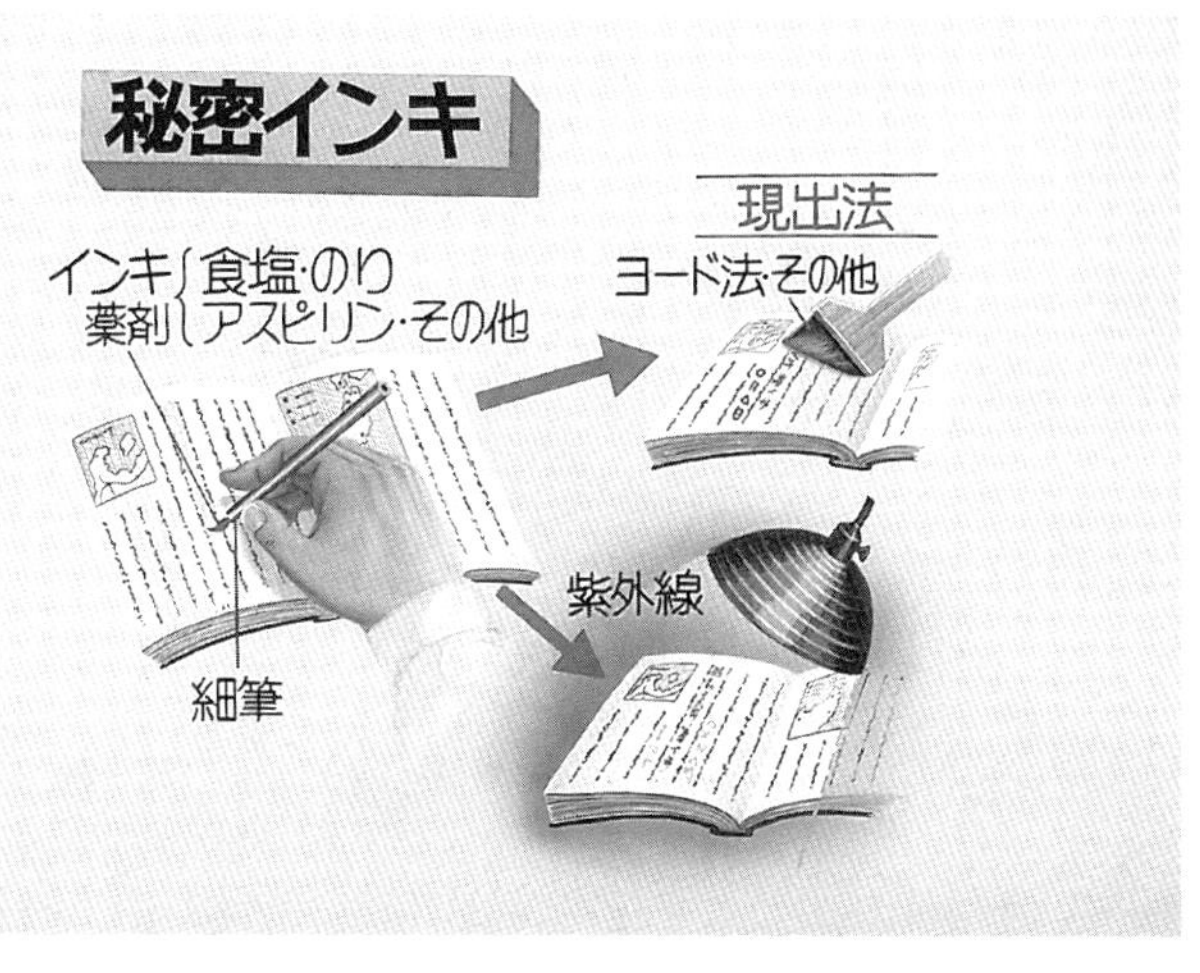

図16　秘密インキ（伴和子提供）

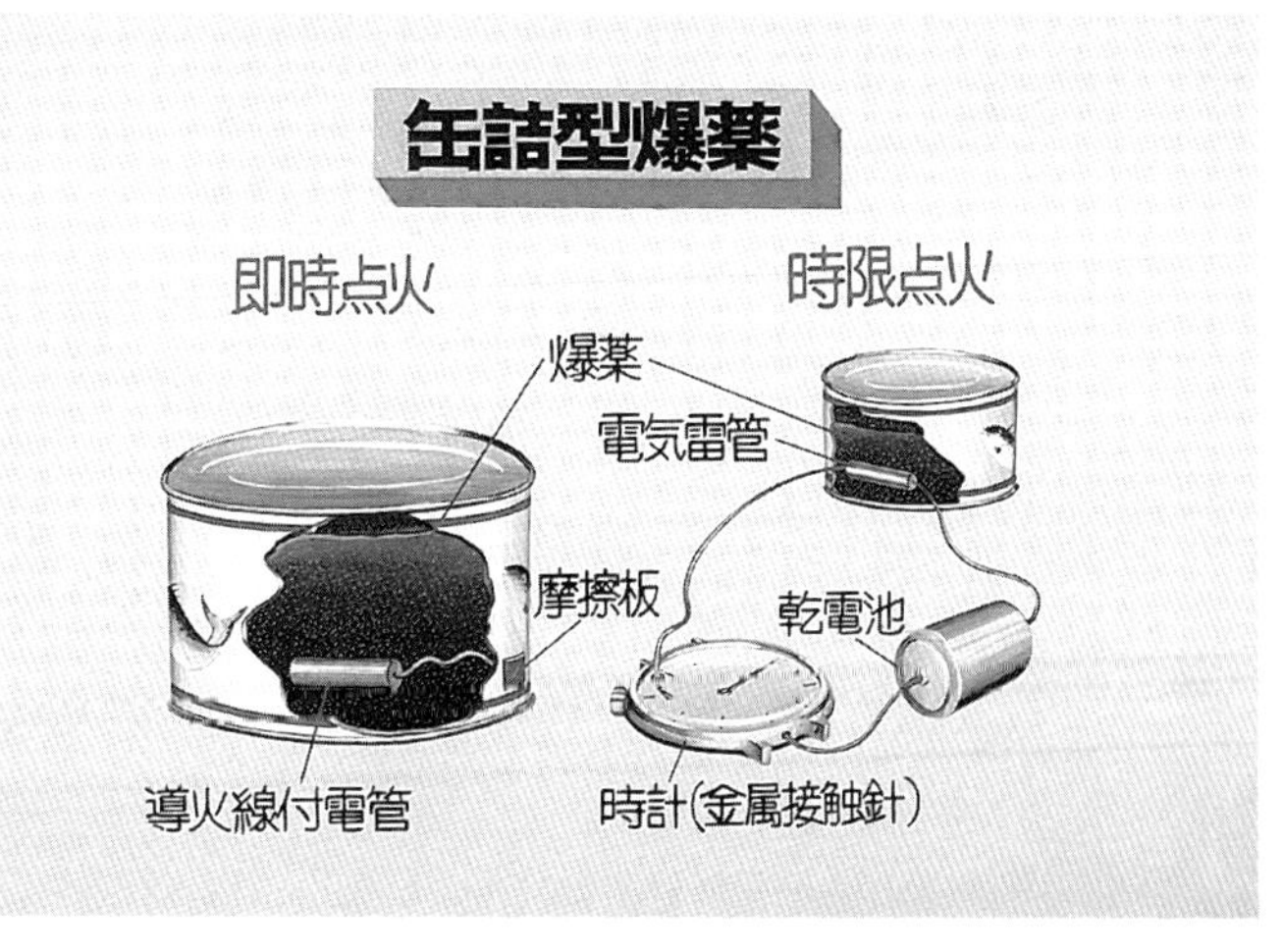

図17　缶詰型爆薬（同上提供）

と区分す。

二、破・殺法は潜行、獲得、候察、連絡、偽騙等の諸法と等しく、秘密戦遂行のため、行使せらるべき実務を訓練するものにして、即実科としての一科目なり。（中略）

第三章　破壊殺傷法の本質

四、破・殺において、各種の秘器材を使用すること多し、秘器材は武力戦における兵器とともに科学の最先端を行くべきものなるも、秘においては、その使用に際し、厳に隠密を要求せらるるを以つて、器材の構成、形態において、あるいはその使用法において特別の創意工夫をこらし、常に敵の意表に出づるを要す。

ここでいう「破・殺法」の器材は、第二科第一班・第二班を中心に開発された。特に爆破器材として小型爆発缶・缶詰型爆薬・時計式時限爆弾などが開発された。また、放火器材としては、煉瓦型焼夷剤・石鹸型焼夷剤などが開発された。さらに殺傷器材としては、万年筆型毒物注入器やステッキ型ピストル・消音小型ピストルなども開発された。

第二科の科学者たち―第二班

第二科第二班は二〇人ほどの体制で、村上忠雄を班長に毒物合成や秘密戦用の薬剤の研究・開発をした。

『雑書綴』には次のような資料が残されている。

昭和十七年九月二十二日　　陸軍登戸出張所

陸軍兵技大尉　村上忠雄

熱帯医学研究所士林支所

武井虎二殿

拝啓　秋冷の候、貴所益々御清昌之段奉賀候。

陳者（のぶれば）、過般来、度々貴所に対し雨傘毒分譲方御依頼致し候処、夫々（それぞれ）至急御送附被下（くだされ）誠に難有（ありがたく）御厚礼申上候、御陰を以て研究所裨益する処甚大の物有之（これあり）候。

尚、之が費用至急支払可致（いたすべく）候処、事務上の齟齬（そご）に基き大変遅延致し候事、誠に申訳無之候。後馳乍ら（おくればせながら）御査収被下候事と存じ候。

時局下、御繁忙中誠に恐縮に存じ候へ共、之又御採集の都度分譲被下度、何（いず）れ後日公文を以て御依頼致し候へば、何分の御配慮相成度、茲（ここ）に重ねて御依頼仕候。

尚、該品御送付被下候節は、別紙請求書及見積書同封致置候へば、御調整の上、御送附被下れば幸甚と存じ候。

先は不取敢（とりあえず）御照会旁々（かたがた）御依頼迄申述度、如斯（かくのごとく）御座候。

敬具

この資料は、登戸研究所第二科第二班が熱帯医学研究所にアマガサヘビの毒を注文していることを示すものである。アマガサヘビは、台湾より南方に棲息している猛毒を持った蛇である。こうした蛇毒はアマガサヘビだけでなくハブの毒なども殺傷兵器として研究・開発され、万年筆型毒物注入器に入れられ兵器化されたのである。なお、開発途上においては、後で詳しく述べるが中国で人体実験もなされた。

その他、第二科第二班では秘密戦の実行過程で敵の軍用犬がほえないような特殊な秘密戦資材も開発された。これらは、「エ号」剤と暗号名で呼ばれた。軍用犬が「悦」状態になり、秘密作戦要員にほえかかられない状態になるということから付けられた暗号名であった。そして、登戸研究所では、北海道などで実際の軍用犬を使って実験を繰り返した。開発に成功すると実際に使用するための実験がなされた。登戸研究所に課せられた重要な兵器であることから、篠田鐐所長と北沢隆次が参加して一九四〇年（昭和一五）に満洲で行われた。北沢隆次はその実験について次のように述べている。

昭和一五年の晩夏だったと思いますが、当時、満ソ国境は双方のスパイが激しく活動しておりましたが、その頃、ソ連側が国境警備に訓練された犬を使うようになりまして、日本側のスパイはこの犬に発見される事が多くなりまして、その対策に苦慮いたしました。当時大久保の篠田研究室はその重要性が軍上層部に認識され、陸軍第九技術研究所（通称登戸研究所）となり、篠田さんはそこの所長に就任されて居ました。そして、その登戸研究所で開発された「エ」号剤と称する、犬を一時的に痴呆状態にする薬剤を持って研究員と共に満州に現地見学にみえました。その時、酷暑の残る広いコーリャン畑の中で警察犬三頭を使い、工作員の長い行跡を犬に追跡させ、その途中に工作員が「エ」号剤を撒いていくわけであります。私どもは篠田さんと共に背丈以上のコーリャンの中を「エ」号剤散布の場所に行き、工作員の行跡を追ってくる犬の挙動を観察したのであります。実験の結果は、一〇〇％成功で、「エ」号剤を散布しなかった工作員は、必ず犬に発見されましたが、「エ」号剤にであいました犬は完全に任務を忘れてしまいました。その後「エ」号剤は特殊兵器として活用されたことはいうまでもありません。

（『北沢隆次の手記』資料館所蔵）

秘密作戦要員が必要とした、犬を迷わせる薬剤が作戦で使用されることとなったのである。

第二科の科学者たち—第三・四班

第二科第三班は主として毒性化合物の研究・開発を行なった。班長は明治薬学専門学校を卒業後に入所した土方博で、科学研究所時代から継続して毒物研究を行なっていた。こうした研究体制は年々強化され、千葉医学大学附属薬学専門部出身の滝塚旬郎・杉山圭一・小堀文雄らが研究に従事した。さらに科学研究所第三部から毒ガス・青酸ガスの研究の専門家である滝脇重信が転属し、研究に加わった。研究を行なった項目は次のようなものであった。

一、毒草系薬物…トリカブト・ドクニンジン・ニコチンなど。
二、毒蛇系薬物…ハブ・ガラガラヘビ・コブラ・アマガサヘビなど。
三、魚毒系…フグなど。
四、無機系毒物…亜砒酸・タリウム・シアン化合物・塩素ガス・一酸化炭素ガスなど。
五、有機系毒物（化学兵器）…ホスゲン・イペリット・マスタードガス・アセトン・シアン・ヒドリン（青酸ニトリール）など。

もともと化学兵器は陸軍科学研究所第三部で研究していたが、主として毒ガスなどの化学兵器研究は第六陸軍技術研究所に移行された。しかし、秘密戦器材としての化学兵器は資材を第六研究所から提供を受け、登戸研究所で研究・開発されたのである。

第六研究所は主として化学兵器の大量使用を前提にしていたのに対し、登戸研究所は秘密戦要員などが使用する特殊兵器の研究・開発が主な役割であった。したがって、原因を特定できない毒性化合物の開発が課題とされたのである。使用面から見ると、経口・吸入・刺殺・催眠などに区別され、コーヒー・菓子・果物・医薬品などに混入する方法（偽騙）も研究・開発された。そして、開発されたものは参謀本部や各軍司令部参謀部に送られ、秘密戦に使用された。

特に土方博の指導の下で滝脇重信が主に開発した青酸化合物は、注目に値するものであった。従来、犯罪に使用されていたものは青酸カリ・青酸ソーダなどであったが、それは即効性であり、秘密戦にはふさわしくなかった。そこで登戸研究所では、無味・無臭・無色で飲食物に混合しても疑いを持たれないもの、しかも遅効性のものの開発が急がれた。そうした課題に応えるものとして開発されたのが青酸ニトリールであった。これは青酸と溶剤のアセトンを主原料とし、それに炭酸ガスを加えたものである。ところが製造過程では青酸が揮発するので作業に大変困難を極めた。

『雑書綴』にはそれを物語る資料が大量に含まれていた。その一つを紹介しよう。

氷受領内訳書

昭和十七年六月二十二日

陸軍技手　滝脇重信

一、氷　壱百九貫〇〇〇匁

受領月日	数量
五月十六日	五貫
五月十八日	七貫
五月十九日	三貫
五月二十日	三貫
五月二十一日	三貫
五月二十二日	九貫
五月二十三日	三貫
五月二十五日	三貫
五月二十六日	三貫
五月二十七日	三貫
五月二十八日	三貫

受領月日	数量
六月三日	三貫
六月四日	三貫
六月五日	八貫
六月六日	六貫
六月九日	八貫
六月十日	四貫
六月十一日	八貫
六月十五日	三貫
六月十六日	三貫
六月十七日	三貫
六月十八日	三貫

五月三十日　　三貫　　六月二十日　　三貫
六月二日　　三貫　　六月二十二日　　三貫

このように、氷を大量に購入している記録が一九四二年（昭和一七）以降の資料に頻繁に出てくる。寒い冬でも氷を大量に購入している。この事実は、前年の四一年に開発された青酸ニトリールが、この頃から大量生産化されていることを思わせる。製品化すれば注射用のアンプルに入れられ、保存と運搬が可能だが、その過程では揮発を防ぐため大量の氷を用いての冷却が必要だったのであろう。

こうした製造過程には当然、危険がともなった。『雑書綴』にある次の資料はその事実を物語っている。

証明書

鈴木嘉一

右者、昭和十七年一月入織以来「ホニ」号ノ研究ニ従事シ、毒薬合成中偶々気管支ヲ侵サレ、其ノ都度治療ヲ受ケ居リシ処、稍々快復シタルモ、昭和十八年七月、胃潰瘍トナリ、郷里千葉県へ帰郷中、別紙診断書通リ、更ニ肺浸潤ヲ併発シタルヲ以テ「ホニ」号合成研究中ニ拠ル起因ナルコトヲ承認ス。

昭和十八年七月　　日

研究班長　　陸軍技師　　土方博

この資料から、青酸ニトリールの研究は「ホニ」号と称されていたこと、また、その研究・開発過程で青酸を吸入した事故が発生していたことがわかる。

こうして開発された第二科の毒物兵器は、動物実験を行なった後に人体実験に移された。一九四一年五月上旬、当時の第二科長であった畑尾正央をはじめ伴繁雄第一班長・土方博第三班長、それに第三班の研究者・技術者の計七名は南京(ナンキン)に出張した。そして、五月二二日から中支那防疫給水本部である多摩部隊（一六四四部隊）が管轄する南京病院で人体実験が行われたのである。こうした第二科の毒物を中心とした特種理化学資材の研究は、軍内部で高く評価され、一九四三年（昭和一八）四月一四日に陸軍技術有功章が授与される（図16）。受賞したのは所長の篠田鐐と伴繁雄で、協力者は長谷川恒雄・服部三樹夫・平和彦の三名であった。この陸軍技術有功章は、一九四一年八月一八日の勅令によって設けられたものである。一一月一五日の『東京日日新聞』によれば、第一回の受賞者は石井四郎をはじめとした一四名であった。これを受章した者は、陸軍内の科学者・技術者として大変な名誉を受けることとなったのである。

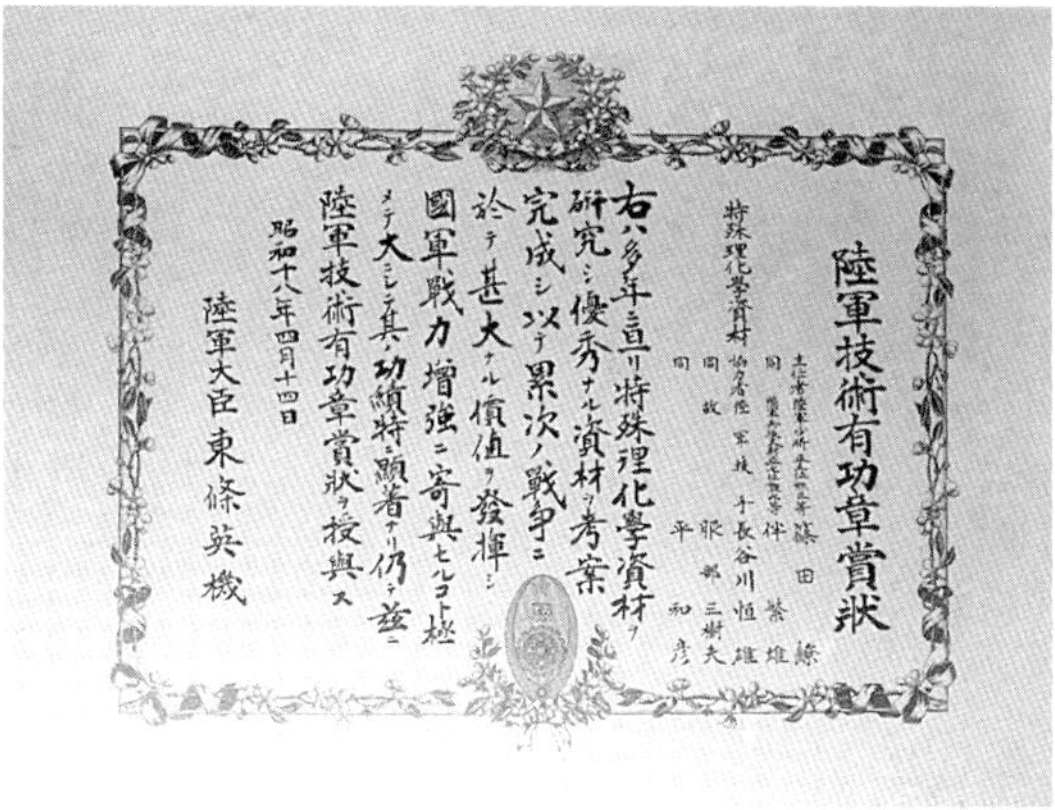

図18　陸軍技術有功章賞状（資料館所蔵）

第三班が関わった人体実験は一九四三年一二月から翌年一月にかけても行われた。

第二科第四班は京城帝国大学医学部出身の黒田朝太郎を班長に、対動物謀略兵器を担当していた。ここでは治療と実験が行われた。黒田の前任の班長は高橋憲太郎で、その頃から薬剤師の大石進一と三人で第三班が開発した合成毒物、主として青酸ニトリールや青酸ガスなどを動物で実験した。豚の皮膚は人間の皮膚に近いことから、青酸ガスの実験では豚が使用されたと言われる。また、第七班が開発した牛を殺す動物用毒物なども実験した。こうした実験は軍医学校の内藤良一・石井四郎や中野学校の海辺茂らと連絡を取って行われた。

第二科の科学者たち―第五班

第二科第五班は東京写真専門学校卒業の丸山政雄を班長に、同じ学校の卒業生である宮本重光・小泉緑朗、東京高等工芸学校卒業の細川陽

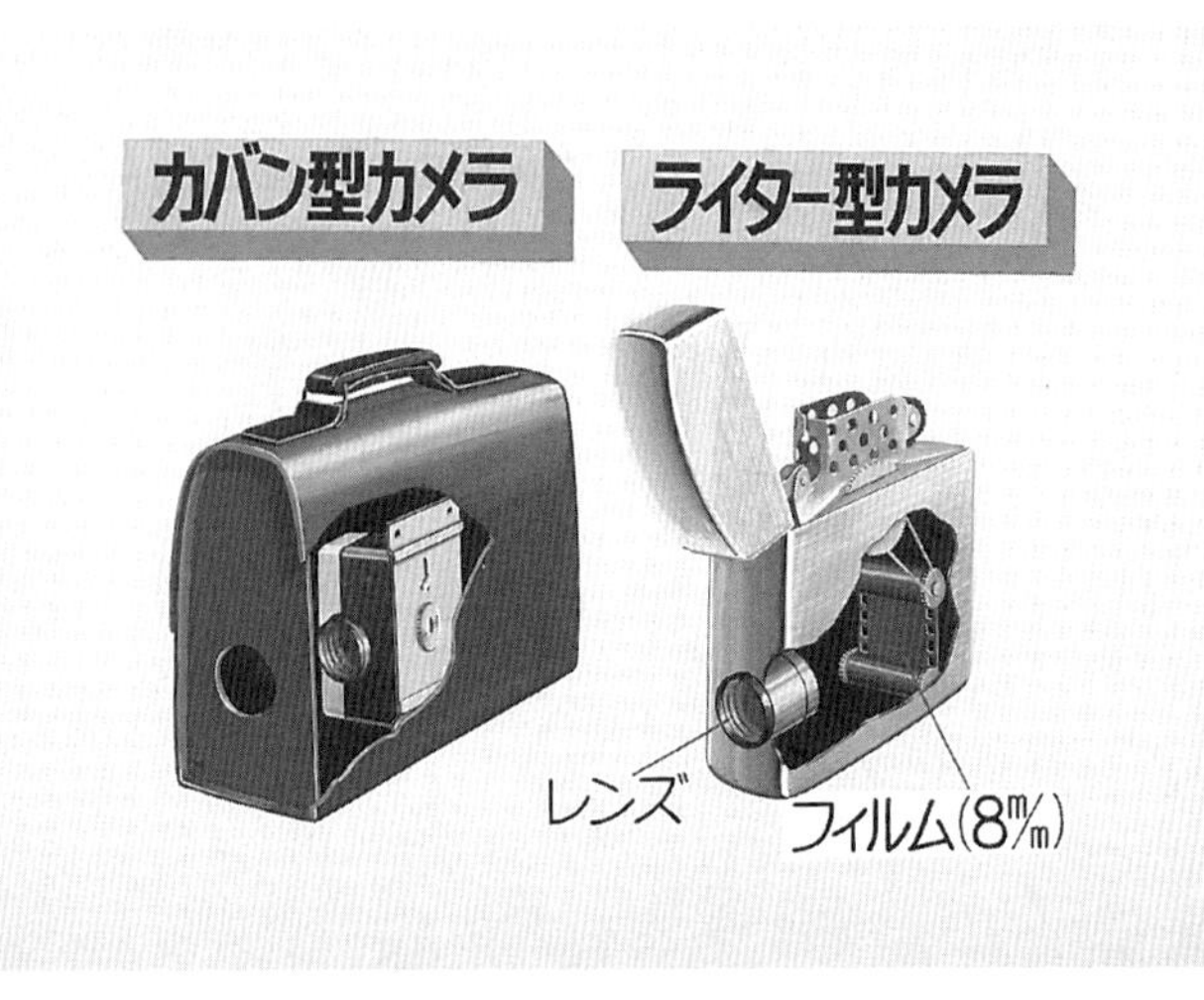

図19　カバン型カメラ・ライター型カメラ（伴和子提供）

一郎、日本大学専門部卒業の長谷川恒男ら写真・印刷の専門家から構成された。この中で、丸山は一九二七年（昭和二）に科学研究所に入所し、主任の新木寿蔵の指導を受け軍用写真技術としてのパンクロ乾板・赤外線乾板の試作にあたっていた。その後、一九四〇年に山下奉文中将を中心とする技術視察団に登戸研究所から第一科の佐竹金次が派遣され、登戸研究所に超縮写装置などが持ち込まれると丸山を中心に細川、嘱託の鈴木英次らによってその国産化がめざされることとなった。

超縮写装置とはマイクロ化したい秘密文や暗号・図面などを湿板で撮影して、コントラストの高いネガ原板を作る。そして、その原板にコンデンサーで集光した光をあて、画像を接眼レンズから送り込み、対物レンズの前に感光膜を置いて焼き付ける。ピント合わせは鏡胴の中間部にセットしたオートコリメーション接眼器で行うというものだった。このように撮影に写真レンズを使わず、顕微鏡を逆に使う方法を取ったので検体の明るさを増し、光源は三〇ワットの電球ですんだ。露出時間は平均一〇秒で〇・五平方ミリのドットの中に五〇文字までが撮影できたという。当時は現像に塩化銀コロジューム乳剤を使って直接感光させていた。マイクロフィルムは登戸研究所で作り、特殊な極小カプセルにして工作員が偽騙物件として使用できるようにした。こうして完成させた装置は登戸研究所と上海に設置し、実用に供された。

この班では、さらにドイツから学んだ秘密戦用のカメラの研究・試作も行なった。最初に手がけたのがチョッキやワイシャツなどのボタンにカメラを付け、ズボンのポケットにひそませたシャッターを密かに押すボタン型カメラであった。さらに小型偽騙カメラとしては、ライター型・マッチ型・ハンドバック型・カバン型のカメラなどがあった。この小型偽騙カメラは中野学校実験隊に渡され、機能・偽騙法・形態などに対する意見をもとにさらに作り替えられていった。その他、遠距離撮影用望遠写真機・夜間撮影用暗中写真機・水中撮影用写真機・秘密撮影用写真機などが開発された。こうした写真機の製作にあたっては、特に秘密の部分は第四科で製作されたが、経験を持った技術者や精密機械の整備が不足していたため、製品化の際には八州精機製作所などの協力を得ていた。

また、複写装置として一般用万能複写装置・自動迅速複写機・電気複写機・携帯用連続複写装置などの研究・開発が、光学機器メーカーの協力の下で行われていた。

第六班・第七班は対動植物の細菌兵器の開発をする特殊班と位置付けられていた。このうち久葉昇を班長とする第七班は風船爆弾搭載用の牛疫（ぎゅうえき）ウイルスの開発を行なっていた部署である。第七班については前節で述べているので省略し、ここでは第六班について見てみたい。

第二科の科学者たち―第六班

陸軍科学研究所で出発した生物兵器の研究は、一九三九年（昭和一四）に登戸研究所第二科第六班に受け継がれた。その時期のスタッフは、東京農業大学を卒業して入所した松川仁と東京帝国大学農学部植物病理学研究室の小川隆くらいであったが、翌年になって農学校を卒業した工員が加わって体制が確立していった。松川仁の手記『きのこ随想』（資料館所蔵）によると、一九四一年頃の研究対象はアメリカを意識してその主要農産物である小麦・トウモロコシ・馬鈴薯に被害を与える病害菌の研究だったという。具体的には、

一、対小麦…条班（ママ）病菌（不完全菌）・穀実線虫（線虫）・雪腐病菌（菌核）ほか

二、対トウモロコシ…黒穂病菌・媒紋病菌ほか
三、対馬鈴薯…瘡痂（そうか）病菌（糸状細菌）ほか

昭和十七年九月十七日

陸軍技術本部登戸出張所
陸軍技師　池田義夫

農事試験場　御中

の病害菌の研究が中心で、研究人員が少なかったため、それ以外には研究対象がなかなか広がらなかった。

ところが、一九四二年に入ると東大農学部を卒業し農林省農事試験場で病理部門を担当していた池田義夫が入所し第六班長に任命され、それ以外にも東京農大出身の藤沼智忠、東京高等農林学校出身の土生昶申が入所し、さらに農学校出身の若い技術者が入所してきた。昆虫部門の研究には東大農学部講師の藍野祐久が嘱託に加わり、総勢十数人の班となり新しい研究棟も建てられた。

『雑書綴』にはこの頃の第六班が出した文書がかなり収められている。そのうちのいくつかを紹介しよう。

謹啓　残暑の候益々御隆盛之段賀上候
過日二化螟虫の件につきては一方ならぬ御配慮に預り御陰を以て研究上裨益する処甚大の物有之有難く感謝仕候（以下略）

この文書からは、二化螟虫を注文していたことがわかる。こうした注文書類は複数存在している。そして、この時期に池田研究室には大量の大型三角コルベンが設置され、室内だけではなく廊下にも並べられていたという。その中の稲わらにはやがて黒い小粒ができ始めた。小粒菌核病菌が発生したのであった。二化螟虫が稲の茎を折り、そこから小粒菌核病菌が入り込むと穀物を実らせなくするという研究が行われていたことを物語るものである。

その他、池田研究室では玉葱の病原菌の研究も行なっていた。

次の文書は松川研究室の研究についてのものである。

昭和十七年十月六日

陸軍登戸出張所

陸軍技手　松川　仁

農林省農事試験場

鴻巣試験地
　吉田鎮雄　殿
先般分譲方御依頼申上候小麦種子四十八品種本日正に落掌業務御繁忙中にも不拘ら
ず御配慮を忝ふし厚く御礼申上候
敬具

ここからは、松川がこの時期もアメリカ向けの小麦を枯らす菌の研究をしていたことが
うかがわれる。しかし、この研究は成果がなかなか挙がらなかった。一方、池田研究室の
稲を枯らす生物兵器は、大量生産のめどがついていくのである。そして、一九四二年六月
には中国での実験が行われている。その散布実験の責任者になったのが松川仁であった。
所内での実験は四月から行われ、研究所内の高台に設置された高さ約一〇メートルの望楼
から、実際には飛行機を使用して散布する落下傘付き散布器の試験も行われた。しかし、
実験の結果、散布器が証拠として残ることが考えられ直播きすることとなった。中国での
実験については、責任者である松川仁が前掲の『きのこ随想』に詳しくふれているのでそ
れを引用したい。

兵器輸送の責任者は庶務課の中本中尉に決まった。杉本研究員を助手として私は、
五月末長崎港から神戸丸で上海に向かった。（中略）

朝になって南京に着くと、陸軍倉庫の将校が荷物の受け取りに来ていた。トラックで郊外に出ると、歩車道に分かれた広い道には舗装がなく、植えてある並木にも生気がなかった。燃料として持ち去られるという話だった。中山陵だけは青々と緑があったが、特別の警備下にあるとのことで、そうでないと、燃えるものは何でも持ち去るとのことだった。

飛行場に着いて、格納庫の一角に件の荷物は収まった。収容の筒から液体が少し滲んでいた。倉庫の将校は興味をもったが、無理に聞き質してはこなかった。中本中尉と私は、宿舎の兵站旅館（旧南京ホテル）に入り、杉本研究員は兵舎まで送ってもらった。

翌日、中支那派遣軍総司令部の参謀たちとの打ち合わせがあった。会議は中佐が主宰したが、東京で会っている参謀たちとは、目付きも気概も違っているように見えた。前線に近い緊張感があったからだろう。会議の結論は次のとおりだった。

一、今回の散布はあくまで実験として実施する。
二、攻撃目標は湖南省洞庭湖の西側、桃源・常徳付近の水田とする。
三、証拠を残さないため、投下器は使わないで直撒きとする。

四、細部については、現地（部昌）の部隊と打ち合わせる。
五、現物は揚子江を船で運搬する（担当は奥平中尉、中本中尉、杉本研究員）。
六、司令部の裏に水田をつくり、経過を見る。（中略）

朝になると、部隊のトラックが迎えに来た。荷台には何もなく常に揺れたから、腰で調子をとらないと放り出されるおそれもあった。

部隊で打ち合わせがあった。使用する機は97式重爆撃機の三機編隊。目標は南京の司令部で決めたとおり。操縦士、通信士のほかに、敵の攻撃に備えて銃手一人。研究所からは私一人が同乗することになり、中尉の飛行服を借りることになった。

問題があった。ニカメイチュウはすでに羽化して使いものにならなかった。容器を開けると白い蛾はいっせいに飛び立ってしまった。小粒菌核病菌は、乾燥を防ぐため湿ったままにしてあったから、粉末状のものと違って扱いがむずかしかった。投下器は使わない取り決めだったので、ただの容器として使うのだが、それには円筒で安定が悪かった。

爆撃機内部は投下器の設計のため見ていたが、実際に飛ぶのは初めてのことだった。旅客機と違い正面の視野が一八〇度ある。正規の座席がなく、弾倉のコルク板の上に腰掛けていたが、エンジンがかかると強い力で後ろに引っ張られ、私は金具につかまってかろうじて姿勢を保っていた。四方に目を配っていたが、敵機らしいものは現れなかった。

雲の切れ目から大きな湖が見え始めた。機内はエンジンの音で、会話などできない状態だった。後方の銃手が、手まねで左下方を何度も指さしていた。すでに爆撃が済んでいたらしく、市街地の所どころから黒い煙がかなり上がっているのが見えた。

散布の時が来た。積み込んだ鉄製の円筒容器を、腹側の窓からただ落とすだけの方法だったから、吹き込みを心配したが、順調に落ちていってくれた。持ってきたものを全部散布し、任務は終わった。あとは、出るか出ないか分からない結果を待つしかなかった。（中略）

あくる日の朝日新聞には、一面の左隅に「わが爆撃機は、常徳、桃源を空襲し、敵陣に多大の損害をあたえて、無事帰還した」程度のことしか書かれていなかった。

（中略）

実験の結果はどうだったか。なにぶん敵地で実施した実験ゆえ、その結果はつまびらかでない、という結論に終わっていた。

この内容から、第二科第六班で開発した細菌兵器を、実験とはいえ中国で散布していた事実が浮かび上がってくる。同時に、その実験が無造作に、しかも危機管理などなされず、もちろん中国の民衆に対する思いやりなどは全くない形で実施されていたことがわかる。

第二科第六班が研究していたアメリカ向けの小麦・トウモロコシ・馬鈴薯を枯らす細菌兵器は、結局、大量生産されることなく終わった。

第三科の活動内容——経済謀略活動の展開

解体された研究所第五棟

山本憲蔵大佐を科長とする第三科は、登戸研究所自体が外部から秘匿された組織であるのに加え、なおいっそうの「秘密の中の秘密」の場所であった。第三科の周囲には三メートルくらいの板塀が張り巡らされ、第三科研究員以外には所長の篠田鐐くらいしか入れなかった構造になっていた。登戸研究所に勤務していた人たちは戦後三〇年を過ぎて親睦団体の「登研会」を結成したが、第三科の研究員たちは当初、「三科会」と呼ぶ別の組織を作っていた。それだけ重い過去を背負っていたのであろう。彼らがここで行なっていたのは、中国の法幣（正式な紙幣）の偽造であった。この作戦は、参謀本部が本腰を入れたもので、米英の支援を受けて一九三

表6　第三科の組織と研究内容

	班	班長	研究内容
第三科長＝山本憲蔵主計大佐	北方班（製紙班）	伊藤覚太郎技術少佐	偽造紙幣用の漉かし技術・製紙抄造，風船爆弾用の和紙抄造
	中央班	谷清雄技師	原版・鑑識・印刷インク製造
	南方班（印刷班）	川原広真技術少佐	製版・印刷
	研究班	岡田正敬技術少佐	分析・鑑識・印刷インク研究

（出典）『駿台史学』141（2011年3月）などをもとに作成.

五年に確立したばかりの国民政府の法幣制度を偽造紙幣によって混乱させ、あわせて軍需物資を購入しようというものであった。一九三九年（昭和一四）くらいから偽造紙幣の製造を本格的に開始したが、アジア太平洋戦争に入ると香港（ホンコン）を占領し、そこから紙幣の原版を手に入れることができた。それ以降の作業は、従事していた大島康弘に言わせれば、「本物も偽物もない」状態となったのである。その印刷工場が二〇一一年（平成二三）に解体された五号棟の木造建物である。

登戸研究所を象徴するこの建物は、保存を求める動きが実らず、二〇一一年二月二〇日を最後に解体された（次ページ図20・21）。この日の明治大学主催の公開説明会には六〇〇名を超す参加者が訪れた。日中戦争の際の経済謀略の中心的な施設だっただけに、保存を望み解体を惜しむ声が多かった。

図20　解体前の偽造紙幣製造工場（旧５号棟）

図21　同上内部（照明・換気扇は戦後に取付けられたもの）

解体前には大学が教室として使用していたため、登戸研究所当時の姿に内部が整理されており、偽札製造工場だった頃の様子をうかがうことができた。西洋トラス方式の梁、柱が一本もない構造や分厚いコンクリートの土台と廃液を流す溝などが確認された。二〇メートルくらいの部屋が二つあり、イリス式輪転機やザンメル特殊印刷機が設置されていた可能性も推定された。事務所をはさんで凹版印刷機が多数設置されていた場所や、印刷後の乾燥に用いられた場所も推定することができた。

その後の解体途上で明らかになったが、コンクリート土台の下には割栗石（わりぐりいし）が敷き詰められ、重い印刷機械を設置しても大丈夫なように作られた特殊な構造の建物であることもわかった。明治大学では偽札倉庫として使用されていた二六号棟とともに記録保存をしているので、その報告が期待される。

一九四二年当時、国民政府の最高額の五円札・十円札を偽造し、実際に使用したこの作戦は一時的には大きな「成果」を挙げた。しかし、米英は直接空輸で千円・一万円・十万円という高額の法幣を次第に国民政府に供給したため、偽札の影響力は次第になくなっていったのである。敗戦後、この「謀略の丘」からは証拠隠滅命令による偽造紙幣焼却の煙が長期間途絶えることがなかったという。

中国国民政府は一九三五年に幣制改革を断行し、イギリスのポンドにリンクした統一紙幣（法幣）を発行するようになった。それまでは中国各地で印刷された紙幣や貨幣がバラバラに流通していたが、それを回収して法幣による経済の安定化をはかったのである。

参謀本部第七課による経済謀略活動

しかし、中国国内の印刷技術は低かったため、印刷はイギリス領香港の中華書局・商務印刷館、イギリスのトーマス・デ・ラ・ルー社やウォーターロウ・サンズ社、アメリカのアメリカン・バンク・ノート社やセキュリティー・バンク社、さらにはビルマ（現、ミャンマー）にも発注していた。こうした状況下、日本軍は傀儡（かいらい）政権に紙幣を発行させたり軍票を流通させ経済戦を展開していた。

参謀本部第七課（支那課）は当初より戦争経済に関心をよせ、岡田酉次主計少佐（後に少将）に戦時経済の研究を担当させた。さらに、その後任として佐藤末次主計少尉（後に大佐）に対支戦の場合の経済政策の立案を命じた。こうして作成された第七課の「対支経済戦要綱」の骨子は次のようなものであった。

一、占領地域における重要資源の獲得。
二、経済封鎖、特に対租界対策、海関の接収。

三、占領地における金融の処理。
四、対華僑問題。
五、対法幣謀略として偽造券による法幣工作の実施。

この中で、五の偽造紙幣工作がすでに作戦として検討されてきたことに注目したい。そして、この計画に基づき法幣の偽造が開始され、一九三七年（昭和一二）から三八年にかけて製造された。しかし、この作戦は失敗に終わる。

参謀本部第二部第八課による偽造紙幣製造

一九三八年（昭和一三）一月一六日、近衛内閣は「国民政府対手（あいて）とせず」との内閣声明を出し、みずから和戦の道を絶った。そして、七月二六日の五相会議で、「対支特別委員会ハ五相会議ニ属シ、其決定ニ基キ、専（もっぱ）ラ重要ナル対支謀略並ニ新支那中央政府樹立ニ関スル実行機関」として対支特別委員会が設置された。ここから日中戦争の打開策として本格的な謀略作戦が展開されることとなった。

その具体化として、六月二八日には「時局ニ伴フ対支謀略」の原案が決定された。それは次のようなものであった。

時局ニ伴フ対支謀略

方針

敵ノ抗戦能力ヲ壊滅セシムルト共ニ支那現政権ヲ倒壊シ、又ハ蔣介石ヲ失脚セシムル為、現ニ実行シツツアル計画ヲ更ニ強化ス。

要領

一、支那一流人物ヲ起用シテ支那現中央政府 竝（ならびに） 支那民衆ノ抗戦意識ヲ弱体セシムルト共ニ、 鞏固（きょうこ）ナル新興政権成立ノ気運を醸成ス。

二、雑軍ノ懐柔帰服工作ヲ促進シテ敵戦力ノ分裂弱体化ヲ図ル。

三、反蔣系実力者ヲ利用操縦シテ、敵中ニ反蔣、反共、反戦政府ヲ樹立セシム。

四、回教工作ヲ推進シ、西北地方ニ回教徒ニ依ル防共地帯ヲ設定ス。

五、法幣ノ崩落ヲ図リ、支那ノ在外資金ヲ取得スルコト等ニ依リ、支那現中央政府ヲ財政的ニ自滅セシム。

六、右工作ノ遂行ヲ容易ナラシムル為、所要ノ謀略宣伝を行フ。

この方針は、一つは政治謀略として親日派による政権樹立をはかり、もう一つは経済謀略によって蔣介石政権の崩壊をはかろうとするものであった。この二つの謀略は連動して行われることとなった。

そのため、一〇月には参謀本部第二部第八課が新設された。その陣容は、課長に影佐禎昭大佐、課員として唐川安夫・岩畔豪雄・臼井茂樹の三人の中佐がいた。

そして、一二月には経済謀略の責任者として岡田芳政が着任した。実は、すでに参謀本部第二部第七課に配属されていた山本憲蔵大佐は、広東・香港・マカオに赴いて法幣の流通事情を調査し、第七課としての偽造紙幣作戦計画を立てていた。製造工程についても凸版印刷株式会社の井上源之丞社長らと相談し、以前の失敗をどう克服するか検討していた。そこで新しく経済謀略を担当した第八課は、岡田を工作の責任者にしつつも偽造紙幣の製造については山本憲蔵を第八課付にし、製造責任者としたのである。こうして登戸研究所第三科の科長として山本は偽造紙幣製造の指揮を取ることとなった。

ちょうどこの時期に対支経済謀略の計画が立案された。それは次のようなものであった。

対支経済謀略実施計画

一、方針

蔣政権ノ法幣制度ノ崩壊ヲ策シ、以テソノ国内経済ヲ攪乱シ、同政権ノ経済的抗戦力ヲ潰滅セシム。

二、実施要領

1　本工作ノ秘匿名ヲ「杉工作」ト称ス。

2　本工作ハ極秘ニ実施スル必要上、之ニ関与スル者ヲ左ノ通リ限定ス。

(イ)陸軍省

大臣、次官、軍務局長、軍事課長、担当職員

(ロ)参謀本部

総長、次長、第一部長、第二部長、第八課長、担当参謀及部付将校

(ハ)兵器行政本部

本部長、総務部長、資材課長

3　謀略資材ノ製作ハ陸軍第九科学(ママ)研究所（以下登戸研究所ト略称ス）ニ於テ担当スルモ、必要ニ応シ大臣ノ許可ヲ得テ民間工場ノ全部又ハ一部ヲ利用スルコトヲ得。但シ機密保持ニ万全ヲ期スルヲ要ス。

4　登戸研究所ニ於テ製作スヘキ謀略機材ニ関スル命令ハ、陸軍省及参謀本部担当者ニ於テ協議ノ上、直接登戸研究所長ニ伝達ス。

5　謀略資材完成シタルトキハ、其種類、数量ヲ陸軍省及参謀本部ニ直ニ報告スルモノトス。

6　参謀本部ハ陸軍省ト協議ノ上、送付先ヲ定メ、所要ノ宰領者ヲ附シ極秘書類トシテ所定ノ機関ニ送附ス。

7　支那ニ本謀略ノ実施機関ヲ置ク（以下本機関ノ秘匿名ヲ松機関ト称ス）。本機関ハ差当リ本部ヲ上海ニ置クモ、支那又ハ出張所ヲ対敵貿易ノ要衝地並ニ情報収集ニ適シタル地点ニ置クコトヲ得。

8　本工作ハ敵側ニ対シ隠密連続的ニ実施シ経済攪乱ヲ主タル目的トス。コレカタメ法幣ヲ以テ通常ノ商取引ニヨリ軍需及民需ノ購入ヲ原則トスル。

9　獲得セル物資ハ軍ノ定ムル価格ヲ以テ各品種ニ応シ所定ノ軍補給廠ニ納入シ、得タル代金ハ対法幣打倒資金ニ充当ス。但シ別命アルトキハコノ限リニアラス。

10　松機関ハ松工作用資金並ニ獲得シタル資材ヲ常ニ明確ニシ、毎月末資金及資材ノ状況ヲ陸軍省及参謀本部ニ報告スルモノトス。

11　松機関ハ機関ノ経費トシテ送附セル法幣ノ二割ヲ自由ニ使用スルコトヲ得。

この資料から、次のようなことがわかる。

偽造紙幣製造は「杉工作」と呼ばれ、登戸研究所が担当することとなった。また、偽造紙幣を使用する上海（シャンハイ）に置かれた機関は「松機関」と呼ばれ、岡本芳政が責任者となり、実際は阪田誠盛が率いる「阪田機関」が担当することとなった。いずれにしても、こうした中国の法幣偽造作戦は陸軍省と参謀本部が指揮した国家的プロジェクトであった。

そのため参謀本部第二部第八課は、一九三九年には関東軍から秋丸次朗主計大佐を呼びよせ、軍医部の石井四郎部隊に匹敵するような経済謀略機関の設置を立ち上げたのである。その組織には有沢広巳・武村忠雄・宮川実・中山伊知郎などのそうそうたる経済学者が名を連ねた。そして、中国をはじめ各国の経済事情の情報収集や施策の研究を行なっていた。

偽造紙幣製造の実態

一九三九年（昭和一四）八月、山本憲蔵大佐は登戸研究所第三科科長に就任し、翌九月には最初の偽造法幣の製造スタッフが編成された。当時の陣容は、川原広真（後に南方班長）・山口元雄（写真製版係）・谷清雄（後に中央班長）・秋谷栄造・大島康弘・高柳茂（後に中央班・中野学校）・島津仁・川津敬介の八人であった。

やがて第一回の試作品として中国銀行五円券ができたが、印刷工程で失敗した。その原因が抄紙部門の遅れであることがわかり、機構を整備することとした。そして、三九年から翌四〇年にかけて第三科の新体制が整った。所内の北側には製紙工場が作られ、これを北方班とした。所内の南側には板塀を張り巡らし、製版を担当する中央班と印刷を担当する南方班が設置され、技術指導のため内閣印刷局から矢野道也技師と松本純三技師が派遣されてきた。また、漉かし模様の彫刻のために彫刻士の酒井敏一が嘱託として採用された。さらに民間企業である凸版印刷からも中田幾久治が登戸研究所の嘱託として採用された。こうして総員約二五〇人からなる第三科の体制が整備された。機械類もこれ以降、充実していく。山本憲蔵の『陸軍贋幣作戦』（徳間書店、一九八四年）からその特徴をまとめておきたい。

登戸研究所の北側（現在の明治大学生田キャンパス理工学部の校地）には、偽造紙幣のための用紙を製造する工場が建てられた。大量の水を使用するため給水塔も建設された。そこは抄紙部門（北方班）と呼ばれ、責任者伊藤覚太郎以下約五〇人の人員が配置された。伊藤は東北帝国大学工学部化学工業科を卒業した後に王子製紙に入社し、四〇年に技術将校として登戸研究所に入所してきた。また、この部門に設置された機械は次のようなものであった。

一、長網・丸網用抄紙機
二、五〇センチ試験用長網抄紙機
三、六〇センチ試験用長網抄紙機

四、タブサイジング機
五、五百ポンドビーター三基
六、スーパーカレンダー一基
七、丸網蒸煮缶二基
八、ショルダン一基
九、徐漉（じょろく）装置
一〇、断裁機
一一、丸網用シリンダー
一二、黒漉用原紙製作のための彫刻用具
一三、蒸気ボイラー二基

この部署では法幣偽造のための製紙抄造を担当していたが、四三年以降は風船爆弾用の和紙の機械製造も行なった。これは高級手漉き和紙と同じ楮（こうぞ）・三椏（みつまた）を原料に機械で抄紙し、厚薄の差がなく縦横の強度が均一なきわめて高度な品質のものであった。登戸研究所内の北側に建物があったので北方班と呼ばれた。

中央班は責任者の谷清雄以下技手一人・雇員数名で構成されていた。ここに設置されていた機械は次のようなものであった。

一、スペクトロスコープ
二、顕微鏡
三、紫外線発生器
四、赤外線鑑別装置
五、分析装置

この部署は検査と分析を主任務とし、後には物理的・化学的エージング（新札を古札に見せる方法）も開発した。

第三科の中での主力は印刷部であった。川原広真以下約六〇人から一〇〇人で構成されていた。中央班と印刷部は登戸研究所の中でも「秘密中の秘密」とされ、建物は高い板塀で囲まれていた。印刷部は登戸研究所内の南側に建物があったため南方班とも呼ばれていた。印刷工場として使用された五号棟の建物は、割栗石の上に分厚いコンクリートを張りつめた土台と西洋トラス方式の梁を持つ頑丈な建物で、重い印刷機械が設置しても十分堪えられるものであった。

この印刷部はさらに製版部と印刷機部に分かれていた。製版部は技師一人の他に九人から構成されていた。製版部には次のような機械が設置されていた。
一、製版ポロセスカメラ二基
二、暗室設備一式
三、引伸機大型二基
四、真空焼枠大型二台
五、エッチングマシン三台
六、メッキ装置（直流発電機を含む）殖版用およびクロームメッキ用一二台
七、高性能パンとグラフ三台
八、ゼメトリカルマシン一台
九、リニアーマシン一台
一〇、チトンプレス一台
一一、凹版転写機一台
一二、凹版手刷機
次に印刷機部には、
一、イリス四色凸版輪転機四台

二、一色刷A判凸版印刷機四台
三、ザンメル特殊印刷機一台
が設置されていた。このザンメル特殊印刷機は、四一年にドイツから購入した特殊印刷用のものだったが、偽造紙幣の印刷には使わず、偽パスポート五〇〇冊の印刷に使用された。

その他にも、
四、オフセット二色刷印刷機一台
五、オフセット単色刷印刷機一台
が設置されており、この二種類の印刷機は中国共産党辺区銀行の偽造紙幣の印刷に使用された。なお当初は、
六、グラビア印刷機
七、凹版速刷印刷機八台
の印刷機を主体として偽造紙幣の印刷が行われていたが、その後は、
八、凹版印刷前の湿紙装置一式
九、凹版印刷後の乾燥装置一式
一〇、凹版輪転機一式

を中心に大量に印刷されるようになった。このうち一〇の凹版輪転機は、一九四二年に香港中華書局に据え付けられていたものを略奪し、登戸研究所に据え付けたものである。次に、

一一、四連装パントグラフナンバリング彫刻用マシン一台

があり、この機械は大島康弘が中心になって製作したものだという。

一二、エコルハアイヤー

一三、断裁機三台

一四、紙幣汚染装置一式

一四は新札を古札に見せるための装置で、ニンニクの汁やマーガリンを使用して汚染が実施された。作業には学徒勤労動員された女子学生も加わった。他には、

一五、除塵装置一式

一六、小型自動ビクトリア印刷機・ハーレー自動印刷機数台

があった。

以上からわかるように、最新の印刷機械と大規模な施設を持った大謀略印刷工場だったのである。

この製版部で働いていた川津敬介は次のように語っている。

作業手順は、①中国の紙幣を写真で乾板（感光性の銀塩乳剤を塗ったガラス板）に写し取る。②そこに光をあて畳一畳ほどの紙に拡大投影。③映し出された紙幣の絵柄や模様を研究員が筆で紙の上に描く。④紙を縮小することで精密な原板を作成――というものだ。

（『朝日新聞』二〇一一年二月二一日付朝刊）

しかし、それからの印刷工程が困難を極めるものだった。特に最も難しい工程は黒漉（くろすき）の紙の製造であった。わが国では、一八八七年（明治二〇）七月二五日の勅令第三六号により、黒漉入りの紙は内閣印刷局以外では絶対に製造してはならないものであった。そこで登戸研究所では、独自にその製造を工夫したのである。担当した技術者の一人として大島康弘がいた。大島は川津と同様、東京府立工芸学校を卒業して登戸研究所に入所し、これを担当した。大島はその経緯を次のように述べている。

黒漉きは丸網抄紙機の金網に凹凸模様をつければ可能であることは判っていたが如何にして型付をするかが問題であった。私の部屋には番号機を作るための彫刻機を持っていたので、大島君、漉入れの金型を作ってくれないかと伊藤中尉に依頼された。

（中略）

漉入模様を写真に撮り、これをレリーフ状に手彫りで一〇ミリ程の黄銅板に彫刻してみた。何回かのテストをしながら改善をしてほぼ似た物を作ることが出来たので本機にかけ、量産してみると、どうしても流れ方向に肖像が伸びてしまう、幅方向の寸法は変わらないので金型を流れ方向のみ五％程縮小した物を作らなければならん事がわかった。（中略）

私は試行錯誤を重ねながら次の方法を考えてみた。紙はふんだんに有るので何百枚かの紙の断片にレリーフの模様を転写し、これを横型のプレスで押圧すると、紙は五％程なら縮小することが判った。横方向はそのままで流れ方向のみ縮小した画像が出来た。これを原型にしてレリーフ彫刻すれば良い。しかし手彫り彫刻は素人である。この際専門家の応援をたのむ、という事になり上司の許可を得て上野にある美術学校（現、東京芸術大学）を訪ね彫金の専門家を派遣してもらう事になった。遠藤嘱託はこの様にして誕生した。私の部下の田中唯一君と遠藤嘱託のコンビで漉入模様の原型は完成した。あとは金網にレリーフ模様を転写する作業がある。燐青銅の金網は硬いので、ガスバーナーでその部分のみ焼鈍し、原型の上に金網、その上にゴム板を乗せ、高圧プレスで押圧して、金網上にレリーフ模様をつけた。この様な独自の技術で何とか本物に近い黒漉紙が完成したのである。

（大島康弘「私の履歴書・第二次世界大戦と偽札秘話」明和グラビア株式会社『めいわ』一九九五年九月号）

経済謀略活動の展開

登戸研究所での中国法幣の偽造は一九三九年（昭和一四）八月に始まった。最初は八名の体制で始まり、中国銀行五円券の試作を行なったが失敗した。その原因が抄紙部門にあるとわかり、内閣印刷局や印刷会社から技術者を嘱託に採用した。

試行錯誤しながら四〇年には第三科の陣容が整備された。この年には大量生産が可能になったが、翌四一年一二月八日にアジア太平洋戦争に突入し香港を占領すると、翌四二年春に香港の中国法幣印刷所から正式の印刷版や輪転機などを持ち帰ってきた。それ以降の製造にはその機械を使用して印刷したので、まさに「本物そっくり」の法幣となったのである。

一九三九年一〇月、支那派遣軍（総軍）が編成された。そのとき、参謀本部第二課の参謀として派遣された岡田芳政は「松機関」の責任者を兼務し、実行部隊となる「阪田機関」が置かれた。阪田誠盛は上海の福州路の建設大楼に二つの組織を作った。その一つの華新公司はもと誠達公司といい、杜月笙の部下の徐采丞と阪田の合作機関で、主として重慶政府との和平工作にあたった。日本から運ばれた偽造紙幣はまずここに運ばれた。もう一つは民華公司である。これはもと達記公司といい、社長は徐采丞で従業員一五〇名ぐらい。表向きは貿易商社であったが、実態は敵地域に対する経済工作機関であった。

登戸研究所で製造された偽造紙幣は、陸軍中野学校出身の要員によって検査のうえ上海に運ばれた。その際、梱包様式などはすべて中国式で行い、輸送する際には憲兵にも秘密とする形で上海に運ばれた。阪田の居館であった田公館内の倉庫に保管された後、使い古された正式の法幣と偽造紙幣を混合し一束にする作業をして作戦に移された。

一九四二年夏頃からは大量の偽造紙幣が製造された。毎月一、二回長崎経由で上海に運ばれ、その額面は毎月一億円から二億円にのぼった。実際に、陸軍中野学校を卒業後に登戸研究所に勤務し、偽造紙幣の運搬にあたった土本義夫は、新聞記者の質問に次のように証言している。

偽札を詰め込んだ重さ約四〇キロの木箱を計四〇～六〇個ほど貨物列車に積み、第三科の研究員たちとともに中国に運んだ。一回目の四四年秋と二回目の同冬は登戸から列車で神戸へ。そこから船で上海に行き、現地に引き渡すまで約一ヵ月かかった。

図22　裁断前の偽造法幣（資料館所蔵）

……四五年になると東シナ海に敵の潜水艦が頻出するようになり、三回目の四五年三月と四回目の同七月は、魚雷攻撃を避けるため門司（現在の北九州市）から船で釜山に渡り、上海までは、北京、南京を経由して陸路で運ばざるを得なくなった。

　鉄道や軍用のトラックで運ぶ予定がうまくいかず、小型の渡河船で川を渡り、多数の中国人を雇って人力車で運んだ。陸路の任務は約二ヵ月かかり、四回目の任務を終え、日本に戻る途中の対馬（長崎県）で終戦を迎えた。

（『朝日新聞』二〇一一年三月二日付朝刊）

この記事からは、登戸研究所から上海に相当な労力を用いて偽造紙幣を運搬したこと、終戦ぎりぎりの最後の最後まで偽造紙幣運搬を実施していたことがわかる。

使用される第一のルートは、民華公司を通しての敵地域への浸透であった。インフレーションを作り出し、重慶政府を動揺させようとした作戦だった。そのため重慶政府指定商社と民華公司が戦争資材の取引を偽造紙幣で行う一方、この偽造紙幣で砂糖や綿布を購入した。

第二のルートは、広東にある特務機関が経営する松林堂を通して軍事物資の買い取りを行なった。主として金条（金の延べ棒）・タングステンなどが買い集められた。

第三のルートは、梅機関への調達である。「梅機関」は汪兆銘傀儡政権確立をはかる機関で、その任務は次の三つであり、偽造紙幣はこれらの秘密工作に使用された。

一、在支米空軍に関する情報の収集ならびに同基地に対する破壊工作。

二、重慶側の特務工作に対応する特務工作。

三、軍需物資、特に桐油・タングステン・アンチモニー・木材・蛍石などの収集。

第四のルートは、海軍側の物資収集機関である万和通商に対して行われた。その他、援蔣ルートを絶つための大陸打通作戦の際の戦費にも一部が使用された。

特に一九四二年秋以降から翌年にかけては、日本が香港などを占領したため、中国では正式な法幣が不足し、中国経済に大きな打撃を与えることができた。しかし、それ以降は中華民国政府が米英に法幣の額面を高くして直接空輸で支援するように依頼したため、四二年当時は十円が最高額だった法幣は百円・千円・一万円・十万円と次第に高くなり、登戸研究所で作る偽造紙幣はその価値を低めていった。

しかも、発券銀行を四つから中国国民銀行一つにしぼって対応したため、中国国民銀行の発券額は一九三七年に一四億八〇〇〇万円だったものが三八年に二三億一〇〇〇万円、三九年に四二億九〇〇〇万円、四〇年に七八億七〇〇〇万円、四一年に一五一億円、四二年に三四四億円、四三年に七五四億円、四四年に一八九五億円、四五年に五五六九億円となった。十円札の偽造紙幣で購入できる物資は四三年くらいまでは多かったが、次第に激減していった。こうして、登戸研究所の偽造紙幣作戦も結果的には効果をなくしていったのである。しかし、この偽造紙幣工作にしか日本軍は頼らざるを得なかった現実も認識しておきたい。

登戸研究所と科学者たちの本土決戦と戦後

本土決戦体制と登戸研究所

登戸研究所の移転

一九四四年（昭和一九）一〇月のレイテ決戦の敗北により、本土決戦体制の構築は本格化した。その方針として翌四五年一月二〇日には、「帝国陸海軍作戦計画大綱」が決定された。それは本格的な本土決戦を想定するものであった。この方針に基づいて登戸研究所の長野移転が決定する。登戸研究所の本部は長野県上伊那郡宮田村と同郡中沢村（現、駒ヶ根市）に移転し、北安曇郡松川村に北安分室、上伊那郡中沢村に中沢分室が設置された。中沢村出身で登戸研究所第二科に勤務していた北沢隆次は、その点について次のように語っている。

引っ越して来たのはどういうことかと言うと、日本は敗戦が濃厚になってきたでしょう。こちら（登戸研究所）のほうも、敵軍の上陸が九十九里浜、あそこへ上陸するということがわかっていたんです。あそこ以外にいい上陸地はないんです。それに対して日本軍は、あそこで撃滅作戦をやることにし、敵が本当に上陸した場合は、関東平野からいっせいに退却して応急的な陣地を造る。そのために陛下の御在所は、信州の松代がいいというわけで、ほとんどできあがっていたということを聞きましてね。（中略）同時に（登戸）研究所も疎開しようという話が出てきたんです。それで疎開するなら、俺の（出身地）中沢村はどうだっていうわけで。たまたま私の兄貴が当時、あそこの役場の助役をやっていたわけです。それで連れてきたんです。引っ越しが実際に終わったのが三月ですから、正月ころから引っ越して来るまで、学校とか関係するところを全部当たって歩いたわけですよ。

（木下健蔵『消された秘密戦研究所』信濃毎日新聞社、一九九四年）

この証言からも登戸研究所の移転は本土決戦体制の一環であったことがうかがわれる。この時期に松代大本営構想との関係で移転したのは登戸研究所だけではなかった。ほぼ同時期に陸軍中野学校の移転も進められた。移転先は群馬県富岡町（現、富岡市）で、四五年三月中旬に移転準備が完了し、一部が三月下旬、主力は四月中に移転が完了した。

表7　陸軍登戸研究所各科の長野県の疎開先と研究内容

	疎　開　先	編 成	研　究　内　容
第一科	松川研究班 長野県北安曇郡松川村 神戸原地区	第一科	極超短波の研究 「く号」兵器の研究
第一科	池田研究班 長野県北安曇郡池田町 北安曇農学校	第一科	極超短波受信誘導装置の研究
第一科	会染研究班 長野県北安曇郡会染村 会染国民学校	第一科	ロケット砲の研究
第一科	北安分室 長野県北安曇郡松川村 松川国民学校	第一科 本部	強力超短波の基礎研究 電波誘導ロケットの研究
第二科	中沢製造所 長野県上伊那郡赤穂町 赤穂国民学校 同飯島村飯島国民学校	第二科 第三班	毒性化合物(青酸ニトリール)の研究
第二科	伊那村分工場 長野県上伊那郡伊那村 伊那国民学校	第二科 第一班	遊撃部隊員用爆薬関係資材の研究・製造
本部	本部 長野県上伊那郡宮田村 真慶寺	本部	企画・庶務・人事・経理・医務・福利
本部・第一科・第二科・第四科	中沢分室 長野県上伊那郡中沢村 中沢国民学校	第一・二・四科	挺身部隊員用爆薬関係資材・宣伝資材・憲兵資材・簡易通信資材の研究・製造

(出典) 『駿台史学』141 (2011年3月) などをもとに作成.

『陸軍中野学校史』（中野校友会編、一九七八年）にはその経緯が次のように記述されている。

戦い得る国民全員による遊撃戦であると同時に、戦闘以外の局面においては、全戦闘員とも通常の市民を装うこと、また戦局が不利に展開して敵軍によって地域に占領行政機関が作られる場合（中略）、この地位を利用して地下抵抗組織を作り、これを指導して敵軍がその占領地から撤退、さらに全本土から撤退するまで戦い続けることが教育の根本思想であった。

本土決戦兵器の研究・開発

陸軍中野学校は秘密戦部隊が指導する秘密戦・謀略戦を関東平野で展開しようとしていたのである。そのため、中野学校が四月に群馬県富岡町（現、富岡市）に移転した。また、「泉部隊」も編成された。完全に地下に潜り、身分・行動を秘匿し、個人または少数者が泉のようにわき出て遊撃戦を行うというものであった。四月には中野学校出身者を中心に「関八州部隊」も設置された。その任務は、「本土決戦に於て関東平野が敵軍に占領され、大本営は長野県松代に移転し、作戦軍が関東北西部の山岳丘陵地帯に撤退を余儀なくされた時、敵軍占領下の関東平野に残留する日本国民を組織して、敵軍に対して後方攪乱、武装蜂起、遊撃戦等を行う」（前掲『陸軍中野学校史』）とされている。こうした秘密戦・遊撃部隊の武器は、すべて登戸研究所が調達するものとされていた。

こうして登戸研究所は、一九四五年三月頃から長野県の伊那谷地方への移転を計画・実施していくこととなる。

長野県上伊那郡中沢村に置かれた登戸研究所の本部には、篠田鐐（しのだりょう）所長と山田桜第二科長が常駐した。そこでの任務は、挺身部隊用爆破・焼夷および行動資材を供給することであった。つまり、松代大本営を死守するためのあらゆる武器の製造が課せられたのである。

大本営陸軍部作戦部長として本土決戦を指揮した宮崎周一は、五月一三日の日記に次のように記している。

五月十三日
一、登戸、焼夷剤製作状況
爆薬　一六万　九月迄三分一　手持約一万
七月初ヨリ増加、疎開伊奈谷（中沢）三分二
篠山（小川）三分一焼夷一六万　防水缶一一万　防水マッチ
一〇万

（軍事史学会編『宮崎周一中将日誌』）

ここからうかがわれるように、登戸研究所は本土決戦における秘密戦部隊用の武器の製造を計画していたのである。一九四五年五月二二日に作成されている「伊那〔村〕工場業務分担計画（案）」には、方針として「敵前疎開ニ即応シ委員長ノ統率下全員全力ヲ画シ建設業務ニ邁進シ、六月末日ヲ以テ工場ノ大略ヲ完成シ速カニ研究整備ニ着手セントス」とされている。アメリカ軍が本土上陸する前に工場を整備することをめざしていたのである。伊那〔村〕工場の工場長を務めていた伴繁雄は、研究・開発・製造の状況について、『陸軍登戸研究所の真実』（芙蓉書房出版、二〇〇一年）の中で次のように述べている。


〈強力超短波の基礎的研究〉

超短波の強力発振習性と効果について基礎的に研究し性能の向上に務めつつあった。

〈簡易通信器材の研究〉

制式通信機の整備隘路（あいろ）を補うためラジオ部品などをもって製造容易なる通信器材について研究し、かつ一部を製造しつつあった。

〈爆破焼夷資材の研究〉

挺身部隊用の小型爆発缶・欺騙（ぎへん）爆薬および焼夷筒成型焼夷剤について研究し、かつ一部を製造しつつあった。

〈挺身部隊用行動資材の研究〉

挺身部隊の行動資材として、渡渉・夜光標示板・防水夜光時計・耐水マッチを研究し、なお補力資材として、携行口糧・精力剤・食料自活方法について研究し、かつ一部を製造しつつあった。

〈写真資材の研究〉

簡易望遠写真撮影方法・超縮写装置・複写装置・野戦写真処理用具について研究しつつあった。

〈憲兵資材の研究〉

憲兵科学装備用指紋採取用具・現場検証器材・理化学鑑識器材について研究しつつあった。

〈宣伝資材の研究〉

伝単散布方法・携行放声装置・放声宣伝車について研究し、かつ一部を製造しつつあった。


この中で伊那〔村〕工場は、伊那国民学校（現、東伊那小学校）と栗林集会所に設置された。工場には「ハ」研究室・「木」研究室・信管研究室・特殊資料研究室が設置され、本

図23　解体前の北陸分廠本部

土決戦用の特殊爆弾の研究・開発が行われていた（木下健蔵『陸軍登戸研究所伊那村疎開工場建設計画案の発見』上伊那郷土研究会、一九九五年）。

なお、本土決戦体制で総軍が二つに分かれたため、登戸研究所の第四科を中心に関西分廠が兵庫県氷上郡小川村（現、丹波市山南町）に設置された（小川分室）。宮崎周一の日記にある小川とはここを指しているものである。この移転の経過については第四科の大月陸雄が日記に記している。それによると、四月九日に小川村移転が決定したとされる。そして、四月二七日に小川村に設置をする会議が開かれている。さらに、五月一三日に小川村でどの施設を使うか視察している。こうした経緯を経て、五月二五日に移転を正式決定し、七月から小学校の講堂を工場として、爆薬・焼夷剤の製造を行なった。谷川・柏原（かいばら）にも工場を作り、付近の山には材料倉庫も設置した。

登戸研究所の第一科は長野県北安曇郡松川村に移転した。北安分室と呼ばれ、強力超電波の基礎研究と兵器化がめざされた。これは奇襲兵器の「く号」兵器と呼ばれる殺人光線であり、松代に大本営が移転することを想定し、大きなパラボラアンテナを建て、超電波を照射し、飛行機ないしは飛行士に損害を与えようとしたものであった。

その他、第三科は福井県南条郡武生町粟田部（現、越前市）を中心に移転した。ここは北陸分廠とされ、伊藤覚太郎が分廠長となり、第三科の勤務員の約半数が移動した。しかし、第三科の半数は登戸に残り、終戦の八月まで偽造中国法幣の製造を行なった。終戦時の人員は高等官一三二名・判任官一一二名の他、雇員・工員六一八名の合計八六二人に上っていた。

本土決戦体制の準備が進む中、秘密戦を展開する動きが実際に進行していた事実を私たちはしっかりと見る必要があろう。

敗戦と登戸研究所

登戸研究所の解散

一九四五年（昭和二〇）八月一五日、日本はポツダム宣言を受諾し敗戦する。その日の朝、陸軍省軍事課は次の方針を通達した。

特殊研究処理要領

一、方針

敵ニ証拠ヲ得ラル、事ヲ不利トスル特殊研究ハ全テ証拠ヲ陰滅（ママ）スル如ク至急処置ス

二、実施要領

1　ふ号、及登戸関係ハ兵本草刈中佐ニ要旨ヲ伝達直ニ処置ス（十五日八時三十

分）

2　関東軍、七三一部隊及一〇〇部隊ノ件関東軍藤井参謀ニ電話ニテ連絡処置ス（本川参謀不在）

3　糧秣本廠1号ハ衣糧課主任者（渡辺大尉）ニ連絡処理セシム（十五日九時三十分）

4　医事関係主任者ヲ招置直ニ要旨ヲ伝達処置、小野寺少佐及小出中佐ニ連絡ス（九、三〇分）

5　獣医関係、関係主任者ヲ招置、直ニ要旨ヲ伝達ス、出江中佐ニ連絡済（内地ハ書類ノミ）一〇時

この文書はB5判の便箋の表と裏に鉛筆で記されているもので、筆者は新妻清一中佐である。新妻から晩年に聞き取り調査し、『731免責の系譜』（日本評論社、一九九九年）を著した太田昌克は、彼の経歴を次のように紹介している。

一九三二年七月　陸軍士官学校本科卒業

三九年三月　東京帝国大学理学部物理学科卒業、陸軍科学研究所所員（電波兵器の研究）

四一年一月　関東軍技術部部員（電離層の研究）
四四年一月　多摩陸軍技術研究所所員（電波誘導兵器の研究）
四五年一月　陸軍省軍務局軍事課課員兼大本営陸軍参謀、多摩陸軍技術研究所所員
四六年四月　第一復員事務官に任官（陸軍の研究関係の処理）
四八年一二月　依願免職

この経歴から、新妻は陸軍の科学者・技術者として活動したことがわかる。とりわけ多摩技術研究所所員であったため、一九四五年に登戸(のぼりと)研究所が長野県に本土決戦体制の下で移転した際、北安曇郡松川村の北安分室で電波誘導兵器の研究・開発に従事していたのである。登戸研究所の研究内容について熟知していた人物であったのである。さらに陸軍大本営の参謀を兼務し、軍事課課員として終戦処理にあたったのである。

新妻が書き写していた「特殊研究処理」とは、陸軍が証拠をどうしても隠滅したい事案についてそれを処理することを求めるものであった。「特殊研究処理要領」の最初に、「ふ号、及登戸関係」が挙げられていることに注目したい。「ふ号」とは風船爆弾のことで、実際にアメリカに向けて打ち上げた謀略兵器であった。これを証拠隠滅するということは、

その技術的な問題ではなく、細菌兵器を搭載する内容を知られたくなかったからだと思われる。戦後すぐに風船爆弾に関する物理的な資料を提供したことでもそのことはわかる。二項に一〇〇部隊が挙げられているのも、ここで牛疫ウイルスの兵器化を研究・開発していたことがその一因と考えられよう。

「登戸関係」が登戸研究所を指すことは疑うべくもない。そして、この証拠隠滅とは何をさすのであろうか。秘密戦研究所そのものの証拠を隠滅しようとしていたことと考えられる。その中でも毒物や毒ガスを研究・開発して中国で人体実験をした事実や、中国の法幣の偽造していた内容などは特に秘匿したかったと考えられる。

こうして登戸研究所では、八月一五日から証拠を焼却するなど徹底的な証拠隠滅がはかられたのである。登戸研究所の科学者・技術者の研究内容は隠蔽されることとなった。登戸の地では偽造紙幣の焼却や印刷機の移動・廃棄が何日もかけて行われた。長野県に移転した本部でも同様であった。爆薬は八月一六日に処分された。当時としては貴重なドイツ製の比較顕微鏡は警視庁に寄贈された。文献資料や貴重な実験器具類は大学や地元の小学校などへ寄贈された。第二科が収集した洋書を含む多数の文献は静岡大学工学部に寄贈された。残務整理を除き、八月一六日中にそれぞれの場所で解散式が行われ、登戸研究所はその歴史に幕を閉じた。

アメリカ軍による調査

アメリカ軍が日本軍の細菌戦研究実態の調査を開始したのは、日本の敗戦と占領統治が正式に確認されてすぐであった。その最初の任についたのがアメリカの軍事科学調査団、通称コンプトン調査団で、細菌学者のムーレイ・サンダース中佐が日本軍による細菌戦研究の実態の本格調査にあたった。サンダースは連合国最高司令官総司令部（ＧＨＱ）が置かれていた東京日比谷の第一生命ビルを拠点に活動を開始した。その目的は次の二点であった。

一、生物戦に関する日本軍の意図と能力。

二、現在または近い将来における武器としての生物兵器の能力を見積もる際に応用。

こうした目的から、サンダースらは日本の細菌戦の責任を追及するよりも、アメリカ軍の細菌兵器開発に役立つ資料の提供を求めていることがわかる。「サンダース・レポート」によると、最初の尋問は一九四五年（昭和二〇）九月二〇日に行われている。このときに尋問されたのは、陸軍軍医学校防疫研究室室長の出月三郎大佐と軍医学校細菌学教室室長の井上隆朝大佐であった。しかし、二人からはいっさいの証言を得られなかった。次に参謀本部の関係者の尋問に入った。尋問を受けたのが新妻清一中佐で、通訳は内藤良一中佐が務めた。内藤は七三一部隊を率いた石井四郎の片腕と言われた細菌戦部隊の中枢メンバーであり、風船爆弾計画では登戸研究所に嘱託として勤務し、名目上は信管の研究ということであったが、実際は細菌兵器搭載を目論んだ人物でもあった。その尋問内容について「新妻清一中佐尋問録」の一〇月一日の記録を紹介したい。なお、本尋問録は市販のB5判レポート用紙一二枚に横書きされたもので、以下本文中の表記は、それをそのまま縦書きにしたため読みにくいものになってしまったことを了解願いたい。

一　立会人　Nizuma　N
　　　　　Sander　S
　　　　通訳　内藤

二　N　アナタノ任務ハ何ンデアルカ
　　S　自分達ハ科学的援助者デ　コンプトン博士
　　　　　　　　　　　　　　　　モーラント博士
　　　　　　　　　　　　　　　　サンダー博士
　　　ノ三人デ「モーラント」博士ガ長デアル
　　　自分達ハ「ワシントン」カラノ直接ノ指令ヲモッテヰル

S　我々ノ目的ハ日本ヲ助ケルコトデアル

S　私ハ私ノ使命ガ何デアルカ話スデアロウ

S　私ハ日本陸軍ノ細菌兵器準備ニツイテ知リタイ

戦争犯罪ト無関係ニ純科学的ニ調査ヲスル

私ハ前大戦後全テノ国家ガ細菌兵器ニ興味ノアッタコトヲ知ッテイル

若シ何処カノ国ガ（アナタノ国トイフ国デナク）細菌兵器ヲ使ッタトイフ証拠ガアルナラバ、ソレハ公開セラレ研究セラルベキ門題デアル。

S　防御ノ研究ニ関シテ教ヘテモラッタコトハ感謝スルガ攻撃ノ研究ノ方向ニ如何ナルコトヲヤラレタカトイフコトヲ知レバ感謝スル

S　私ハ陸軍ノ公式ノ表ノ証拠ヲモッテヰル

1番ヨリ7番マデノ爆弾ノコトヲ書イテアル

コノ7番ノ爆弾ノコトト一般細菌ノ活動ト細菌弾ニツイテ知ルコトガ出来レバ幸デアル

N　番号ヲツケタ爆弾ハナイ

S　御前ハ細菌弾ニ就テハ何モ知ラナイト話スノカ

N　日本ニハ細菌弾ハナイ
S　日本ノ海軍ノ細菌弾ニツイテ知ッテヰルカ
N　知ラナイ
S　日本ノ陸軍ハ細菌弾ヲ持ッタコトカ実験ヲシタコトガナイノハ確カデアルカ
N　確カデアル（後略）
（海野福寿他編『陸軍登戸研究所』青木書店、二〇〇三年）

この内容から、重要なことがいくつか浮かび上がる。その第一は、サンダースが戦犯免責に近い形で尋問していることである。「戦争犯罪ト無関係ニ純科学的ニ調査ヲスル」と述べていることがそれである。新妻清一や内藤良一はそのことをわかっていたはずである。細菌戦研究に携わっていた科学者・技術者が戦犯免責の可能性を感じた最初の段階であった。

第二には、それにもかかわらずこの段階では細菌戦研究について全面否定している事実である。これは巧妙な取引が開始されたこととして確認できることである。

常石敬一は朝野富三との共著『細菌戦部隊と自決した二人の医学者』（新潮社、一九八二年）の中で、アメリカ軍関係者と石井四郎ら数名の石井機関の幹部が「鎌倉会議」と呼ばれる会合を一九四五年末から翌年初頭にかけて開き、そこで石井らの戦犯免責の密約がなされたとしている。しかし、登戸研究所に関しては、この時期にはまだ証拠をほとんど提供してはいなかったのである。

占領軍による関係者への尋問

登戸研究所関係者に対して正式にGHQ内で情報・保安・検閲を担当するセクションのG2から召喚状が来たのは、一九四六年（昭和二一）六月である。召喚状は所長の篠田鐐（中将）・第一科科長草場季喜（少将）・第二科科長山田桜（大佐）・第三科科長山本憲蔵（大佐）をはじめ、第二科の伴繁雄（少佐）や同科雇員の有川俊一（大尉）、第一科雇員の大槻文雄（少佐）らに対してであった。

尋問の内容については今のところ資料は発見されていない。しかし、伴がみずから受けた尋問について克明な手記を書き留めているので、以下に少し長くなるが紹介しておきたい。伴がG2に召喚されたのは六月一〇日であった。郵船ビル入り口のエントランスで出頭した旨を告げると、四階の取調室に案内された。広い部屋の対角線上に二人のMPが立っていて、大きい取り調べ机の一方に取調官とTIS（技術情報課）の技術者二人、それに通訳一人がいた。取り調べは次のように進められた。

「ミスターバンの履歴は」

ミスターバンと呼びかけられたのにまず異様さを感じた。ついで「研究所でどんな研究に携わっていたか」と尋問された。これには「私は研究所に入所以来、終始篠田所長の指導下に、諜報器材、防諜器材、謀略器材その他の雑器材の指導を受けた」と簡単に研究項目をあげると、さらに詳細を求め、具体的に質問を受けた。

昼食時には、同じビル内にあった将校食堂に案内された。

隅の食卓についた時、取り調べ官の一人が、一箱の煙草を置いてくれた。卓上の洋食の献立は当時一流ホテル、レストラン並みではなかったろうか。当時、一般国民の食生活といえば、米、小麦粉の主食は極端に不足し、代用食の大豆、さつまいも、じゃがいもを主としたスイトンや芋雑炊であった。呼び出しを受けたGHQでランチの豪華版が供されようとは思いもよらなかった。また、彼らにとっては、パン、コーヒー、砂糖、ミルクの食事は至極当然のことと知って驚いた。予想されなかった恵まれたひとときであった。

食後、午後一時から取り調べが始まるので、元の部屋に帰り、もらったばかりの煙草を一服した。二時間以上も一人で待たされたあと、技術者二人と通訳一人が入室してきたが、午前中いたＭＰは同席しなかった。

尋問は午前中に引き続いて行われたが、質問は秘密通信法とその発見法について説明を求めるものであった。

秘密インキの具備条件、記載物件、記載上の注意事項、さらに写真化学、写真術利用通信法など秘密通信法を簡単に説明した。取り調べを終えたあと、筆者は、通訳を通じて二名の技術者に「昼食時、ここの椅子の上に置いてあった私のカバンの書類を、複写したでしょう」と声高に詰問した。自分はこういうことがあり得ると予想し、席を立つ時カバンの位置や中に入れてあった書類の順序を記憶していた。カバンがチェックされ、コピーされたことは確信があった。複写時間が少し長かったようだと、今度は言葉遣いに注意し態度を和らげて注意した。取り調べ官は率直に、そのとおりコピーしたと認めた。「さすがバンだ」といいながら、帰路新宿駅までジープで送ってくれた。

二日目の取り調べは前日と同じ部屋で朝十時から始まった。取り調べ官である技術者二名と通訳、筆者の四名で対座した。もうＭＰの姿はなかった。取り調べ官ら三名は部屋に入るなり「グッド・モーニング・ミスターバン」と挨拶してくれたので、自分も同じ挨拶を交わした。取り調べ官とはいえ、技術者である。敵味方、取り調べる者と調べられる者の立場の違いはあったが、何か心が通じ合うものがあった。不安と緊張で、身も心も堅くしていた初日に比べ、リラックスすることができた。質問は秘密インキについて続行された。

「秘密インキの発見について、登研ではどうしていたか」

発見法については、初日に説明した秘密インキの具備条件と記載物件について重ねて説明し、多年の経験と勘の良さが必要であることをつけ加えた。

説明途中、秘密インキの原料薬品名をとっさには浮かばなかったので、後日、実際の研究者である有川大尉が召喚され、取り調べを受けることとなった。

優れた秘密インキが日本で発見されたことは驚きであったようだ。この他の取り調べは、米国の台湾在住諜者の検挙の経緯と結果の説明を求めるものであった。検挙したのは憲兵隊だったが、摘発の決め手となったのが「登研」の発見法だったからだ。この諜者は大物だったようだ。

三日目の取り調べは、謀略器材（兵器）についてであった。

謀略兵器の大要を簡単に要領よく説明した。が、それが終わると、突然、技術者がファイルから三種類の日本の極秘の謀略兵器の取り扱い説明書を目前に差し出した。見ると、登研四科が調製したもので、筆者が原稿を作り、四科で印刷したものであった。三種類のうち二種類は、四科でもっとも多量に生産し戦地に供給した缶詰型爆弾とれんが型焼夷剤についての取り扱い説明書だった。外の一種は他科のもので筆者には不明であった。いずれも米軍が南方で接収したものだとのことだった。どの地域でいつ、どうして取得したかの説明は、もちろんなかった。

四日目の取り調べは「前述の外、君の専門で興味のあった秘密兵器は？」というものだった。秘密戦兵器として筆者の研究室や器材陳列室に見学者用にあった変装用資材、隠密聴見資材、逮捕および自衛用具、それに憲兵科学装備器材の概略を述べた。

取り調べ最終日の五日目は、登戸研究所の組織と研究開発について説明を求められた。

（『伴繁雄私記』資料館所蔵）

こうして、五日間にわたる伴繁雄への尋問は終わる。伴の印象では、すでにGHQは登戸研究所に関する情報をかなり持っていたようだという。実際に第一科の風船爆弾・高性能無線機、第二科の秘密通信法・時限信管・秘密カメラ・毒物・細菌兵器、第三科の偽札・パスポートなどについての技術調査が行われたという。

この調査に対して、伴は警戒しながらもかなり細かいことも含めて証言している。その背景には、伴を戦犯としてではなく技術者として扱うＧＨＱの対応が影響したものと考えられる。このためか、伴自身が開発に携わった秘密戦用の器材についてかなり詳しく証言している。

しかしながら、この時点では登戸研究所関係者も七三一部隊関係者同様すべての事実をアメリカ軍に提供したわけではなかった。とりわけ、第二科で開発した毒物で行なった中国南京での人体事件や、風船爆弾に搭載する細菌兵器として開発していた牛疫ウイルス、そして、第三科の偽造紙幣の研究・製造などについての詳細は、この時点では秘匿されていたのである。

米ソ冷戦のはざまで

サンダースは、一九四五年（昭和二〇）一一月に帰国し、すぐにレポートを提出している。それが「サンダース・レポート」である。これには、戦犯免責の事実は全く記載されていない。おそらくＧＨＱのマッカーサー総司令官の独自判断でその処置がなされたためだと考えられる。西里扶甬子『生物戦部隊７３１―アメリカが免罪した日本軍の戦争犯罪』（草の根出版会）には、サンダースから聞き取った内容として、すでにこの時点で人体事件や細菌戦の概要を把握していた事実を紹介している。サンダースの後に細菌戦部隊などの調査に従事したのはアーヴォ・トンプソン獣医中佐である。彼も帰国後、四六年六月に調査結果を「トンプソン・レポート」として発表した。しかし、そこでも人体実験などについては詳述されていない。だが、サンダースやトンプソンの調査とは別に、マッカーサーやウイロビー少将が率いるG2のもと、登戸研究所や七三一部隊の事実からアメリカ本国との間に極秘のうちで何らかの取引が進行していたと考えられる。

四七年一月に入ってアメリカにとって衝撃的な事件が発生した。それは東京裁判においてソ連次席検察官を務めるヴェシリエフ少将がG2のウイロビー少将に対して覚え書きを送り、ソ連が関東軍総司令官山田乙三大将、七三一部隊の川島清少将や柄沢十三夫軍医少佐を捕虜として拘束し、彼らから人体実験の事実などを聞き出している事実を示し、東京裁判で補充的尋問の必要性を求めてきたことである。

米ソ冷戦が進行している中で、そうした事実をソ連が入手していることに驚いたG2は一月一五日にソ連側関係者と会い、何を要求しているのか、また、どのくらい七三一部隊の情報を得ているのか把握しようとした。そして、ソ連がかなり詳しい情報を持っていることをつかんだG2は、至急電で本国の指示を仰いだ。それに対してワシントンの統合本部は、ソ連には関与させないでアメリカ単独で予備尋問を行うことを指示し、そのためにはアメリカとして石井や彼の協力者に文書による戦犯免責を与えることとした。こうしてマッカーサーとG2が本国にも秘匿して進めてきた人体実験や細菌戦の調査は、正式な免責措置のうえで進められることとなり、七三一部隊の情報はアメリカ本国にもたらされることとなった。

この動きは、必然的に登戸研究所関係者にも連動したものと考えられる。四七年四月のノバート・フェル博士による「フェル・レポート」、さらに同年一二月のエドウィン・ヒルによる「ヒル・レポート」は、アメリカが七三一部隊の全容を把握したことを示すものであった。しかし、この時点でも登戸研究所関係者は、まだ、そのすべての情報を提供していなかった。

戦犯免責とアメリカ軍への協力要請

一九五〇年（昭和二五）に始まった朝鮮戦争は、アメリカの世界戦略を大きく変えた。特に、細菌兵器に遅れを取っていたアメリカ軍は、その研究・開発・製造を七三一部隊関係者などに依拠することとなる。結果、戦犯免責を受けた細菌戦関係者が公然と公職に復帰して活動を始めることとなる。たとえば、登戸研究所にも関係した内藤良一が「日本ブラッドバンク」（後のミドリ十字社）を作り、七三一部隊関係者がそれに関係していくのも五〇年のことである。同じ時期に、登戸研究所関係者もアメリカ軍との直接的な関係を深めていく。アメリカ軍は、秘密・謀略戦のうち、とりわけ印刷関係と防諜・諜報関係者に注目したと思われる。

一九五〇年春、第三科の責任者であった山本憲蔵は、旧第三科の部下たちに連絡を取り、アメリカ軍への一〇年間の契約による協力を持ちかけた。勤務先は横須賀基地内にあったＧＰＳＯ（Government Printing Supplies Office）と呼ばれる米軍印刷補給所であった。その上部機関はＦＲＵ（野戦研究班）であった。そのときに契約に応じたのが山本憲蔵・岡田正敬などの所員や、技手であった児玉亭・海野輝雄・小島郁男・岩瀬清・児島暘・田中唯一ら約一〇人であった。ここで彼らが行なったのは、登戸研究所第三科当時の偽造印刷の技術を発揮することであった。偽造したものは、中国・北朝鮮・ソ連の軍隊手帳・身分証明書・住民登録票・住居証明書・切手をはじめとする各種公文書などであった。これらの印刷物は、完成すると朝鮮半島に送られたという。

一九五一年九月、サンフランシスコ講和条約と日米安全保障条約が調印され、翌年四月にこれが発効した。それによって極東委員会・対日委員会・ＧＨＱが解散した。安保条約に基づいて横須賀の米軍基地に一部が残ったが、印刷部門はアメリカ本国に移転した。そのため、山本など主力スタッフはアメリカに移動した。新しい職場はNED（Navy Engineering Division＝海軍機械部品補給処）であった。仕事の内容は、横須賀で行なっていたものと同様であった。

このようなアメリカ軍の謀略活動に伴繁雄が参加するのは、山本憲蔵がアメリカに移る五二年六月のことであった。山本が伴に横須賀に置かれていたGPSOのチーフになることを依頼したことによる。伴はその経緯を次のように述懐している。

　初出勤の日、山本の案内で山本の部屋に案内された。まもなく〝ビッグボス〟が女性の通訳を伴って現れた。〝ビッグボス〟は筆者と同年配のスマートな紳士で好印象を受けた。署名した契約書には、「GPSOは政府直轄の機関であるから、守秘義務を明文化して誓約書に代え、個人契約であること」が記載されていた。〝ビッグボス〟は仕事の内容は極秘扱いであるから、他人や家族にも言動を慎み、守秘義務を果たすよう重ねて求めた。（前掲『伴繁雄私記』）

ここから伴が山本に代わって横須賀での活動を開始したことがわかる。仕事内容は、山本がしていたものと同様であった。この仕事は朝鮮戦争後も続き、最も機構が整備されたのが五七年頃だったという。この頃は、第三科グループを中心に第二科出身者を含めた組織になっていた。

このように、登戸研究所の秘密戦・謀略戦の研究は、直接的にアメリカ軍に継承されたのである。日本軍による秘密戦・謀略戦は一九四五年の敗戦とともに終了したが、日本軍が生み出した秘密戦・謀略戦はそこで終わることがなかったことを示している。

戦前の日本に見られるような戦争優先の軍事国家に翻弄され、非人道的な研究を課された科学者・技術者がそれを総括して反省する前に、今度はアメリカという軍事優先のシステムによって翻弄されることとなったのである。

このことは、科学が人類の平和で安心して生活できる社会を創り上げげることに貢献することの難しさを示すと同時に、だからこそ、それをめざすことの大切さを私たちに示しているものと言えよう。登戸研究所の科学者・技術者の軌跡から学び、戦争優先の科学を否定することの意義を学びたいものである。

帝銀事件と登戸研究所

帝銀事件

一九四八年（昭和二三）一月二六日、帝銀事件が起こった。その日、東京都豊島区の帝国銀行椎名町支店に「東京都防疫部」の腕章を巻いた男があらわれ、赤痢の予防薬と称し、行員ら一六人に毒物を飲ませ、うち一二人が死亡、四人が重体となり、その間に現金・小切手が強奪されたという事件である。

警視庁は、当初、殺害に用いられた毒物が陸軍の開発した特殊な遅効性の毒物ではないかとして捜査を開始した。とりわけ、登戸（のぼりと）研究所が開発した青酸ニトリール（アセトン・シアン・ヒドリン）が使用された毒物ではないかとの想定の下で捜査が開始されていた。したがって、開発に従事した登戸研究所の第二科第一班・第三班の研究者を中心に、四月から徹底した捜査が行われた。登戸研究所関係者の他には、七三一部隊・陸軍中野学校・憲兵隊の関係者も捜査の対象とされた。その捜査にあたった甲斐文助警部の捜査メモ（以下、『甲斐文書』）が残っている。その文書を読むと、登戸研究所関係者は自分が犯人として疑われているのではないので率直に証言していることがわかる。そして、このときの証言は、それまでアメリカ側にも秘匿していた内容であった。

登戸研究所関係者の証言

登戸研究所関係者は、警視庁の捜査に対して戦争中の毒物研究について克明に証言している。その特徴の第一は、この毒物の開発途上に人体実験がなされた事実が証言されていることにある。その箇所を見てみたい。なお、以下本文中の表記は、『甲斐文書』の行替えのとおりのため読みにくいものになってしまったことを了解願いたい。

〈土方博第二科第三班班長証言〉

土方の方は

有機、無機何れにしても可、各人の好みによって研究の題目を定めて化学的に毒物合成をして軍用に供する。

毒物、劇物の二種に分けて化学方式を研究し、これに種々なる合成を成すことを目的とした。

遅効性、速効性の二つを作り上げた。

例えば
遅効性
服用後七日乃至十日経過して死んで、その原因が摑めない様なものを理想としてやれと下命されていた。

服用さして、之が胃から腸に行き体内に摂取されると、直ぐ症状が出て仕舞った。体内に相当期間留まっていて吸収されない様なものは、体外に排出してしまって効果が無かった。

毒物の成分を研究して、之を遅効性としてが、実験の結果、吐き気を出すので余り適切のものでなかった。

青酸及び青酸加里は既に毒物として可能のもので研究の価値はない。

青酸を原料として合成することを研究していた。

例えば、アセトンシアン・ヒドリンの様なものである。

砒素系統のものには合成はない。

実験
支那人の捕虜を使って全部やったが、支那人は人を疑う心が余り強いので、毒を呑ませる時は、自然にして相手の疑心を起こさせない方法でやった。
例えば、コーヒー、紅茶に入れて、
予め毒を入れて、先に試験官が呑んでみせて、大丈夫だから君もやれと云う方法をとった。
そうでないと、支那人は昔から毒物の謀略を受けていて、却々自分から先に呑む習性が無いからである。
九研の目的は、毒物を合成したが、之を呑んだら何んな症状が出るかということを目的で実験していた。
場処　南京　多摩部隊で
先方の衛生兵が全部やって、自分達は立会っていた。
青酸系統は
服用後その人の体質、健康状態により症状の現れるのが多少時間的に差異があったと思う。（後略）

（前掲『甲斐文書』）

この証言から、登戸研究所第二科第三班の班長である土方が青酸ニトリールなどの要人殺害用の謀略兵器として毒物を開発し、その実験を南京で行なったことを証言していることがわかる。

毒物の人体実験

こうした青酸ニトリールなどの毒物開発と人体実験については、伴繁雄も晩年になってみずから証言した。その内容を紹介したい。

昭和十六年五月上旬、二代目の二科長畑尾正央中佐（後に大佐）を長として、一班長で当時技師の私、三班長土方技師と三班の研究者、技術者の計七名は、篠田所長から南京出張を命じられた。参謀本部の命によるものであった。

出張の目的は、試作に成功し動物実験にも成功を収めた新毒物の性能（毒力）決定、すなわち人体での実験を行うことであった。

この実験にあたって篠田所長は、関東軍防疫給水部（昭和十六年八月から秘匿名・満洲第七三一部隊に改称）の石井四郎部隊長（当時軍医少将）と参謀本部で接触し、実験への協力に快諾を得ていた。関東軍防疫給水部は日本軍の極秘細菌戦部隊として設けられたが、薬理部門では青酸化合物などの研究も行われていたからである。

そこでの取り決めは、実験場所を南京の国民政府首都守備隊（司令長官・康生智将軍）が遺棄した病院とし、実験期日は南京の中支那防疫給水部が指定する。実験期間は約一週間を見込み、実験者は同防疫給水部の軍医で、実験には登戸研究所からの出張員が立ち会うというものだった。実験対象者は中国軍捕虜または、一般死刑囚約十五、六名、とされた。

六月十七日、登戸研究所員らは長崎港を出発、海路上海を経由して南京に到着すると、支那派遣軍総司令部参謀部に出頭し、出張申告を行った。

実験のねらいは、青酸ニトリールを中心に、致死量の決定、症状の観察、青酸カリとの比較などだった。経口（嚥下（えんげ））と注射の二方法で行われた実験の結果は、予想していた通りで、青酸ニトリールと青酸カリは、服用後死亡に至るまで人体同様の経過と解剖所見が得られた。また、注射が最もよく効果を現し、これは皮下注射でよかったことも分かった。

青酸ニトリールの致死量は大体一ｃｃ（一グラム）で、二、三分で微効が現れ、三十分で完全に死に至った。しかし、体質、性別、年齢などによって死亡までに二、三時間から十数時間を要した例もあり、正確に特定できなかった。しかし、青酸カリに比べわずかに効果が現れる時間が長いが、青酸カリと同じく超即効性であることに変わ

（前掲『陸軍登戸研究所の真実』）

りがなかった。

伴は、帝銀事件の際には長野県に在住していて、警視庁の捜査に協力し人体実験についても証言していた。しかし、その後はマスコミの取材に対して人体実験について沈黙を貫き、家族にも「墓場まで持って行く」と語っていたという。しかし、晩年になってみずから事実を書き留めたのである。ここで、登戸研究所で開発した毒物などで人体実験する際、参謀本部の許可を得て、防疫給水本部との連携をもとに実験していることを証言していることは重要である。密かに個人的ネットワークで行なったのではなく、日本軍の組織的な関与があったからこそできたことを示している。

この『甲斐文書』には、伴や土方といっしょに人体実験に関与した第二科第三班の技手である島倉栄太郎の証言も記載されている。それによると、この人体実験には七人が参加したこと、青酸加里、青酸ニトリール、アマガサヘビの毒、ハブの毒、硫酸アトピン、青化汞、亜砒酸粉末を用いて三〇人にそれぞれ実験したと述べている。

また、島倉はさらに一九四三年一二月から翌年一月まで四人で実験したことも証言している。この実験では、いっしょに参加した中村博保大尉が南京で青酸ガスを用いた人体実験を行なったとしている。

この証言から、少なくとも二回は登戸研究所で製造された毒物を用いた人体実験が中国で行われたことがうかがわれる。

また、『甲斐文書』にはこの実験について第二科第四班の黒田朝太郎中尉が注目すべき証言をしている。

四班の仕事は治療と実験の二つに分れ、実験は二班の合成毒物の実験をやる。青酸、青酸加里の実験は済んでいる、四班ではやらなかったが、他の合成、ニトリールを主としてやった。

現品は戦地に送り内地では動物実験をやった。

四班長は高橋憲太郎

薬剤師大石進一

この二人と本人の三人で主としてやった。

黒田は九研当時　軍医学校内藤少佐、石井四郎

　　中野学校軍医海辺茂

三人と実験の連絡をとっていた。

（前掲『甲斐文書』）

登戸研究所第二科で開発された毒物研究は、陸軍防疫給水本部や陸軍中野学校と連携し

ながら実験されていたことがわかる。なお、前述したとおり、軍医学校の内藤少佐は風船爆弾作戦に関しては登戸研究所の嘱託として直接関わっていたのである。『甲斐文書』には登戸研究所に関わって、もう一点注目すべき証言が残されている。それは、第二科科長山田桜大佐の証言である。

特殊班　第六班長　池田（筆者注、『甲斐文書』では逆になっている）
第七班長　久葉
朝山は七班（筆者注、『甲斐文書』では六班になっている）に所属し久葉の助手をしていた。この特殊班は第二班で研究したこととの実験を担当す。
過般、戦犯関係で進駐軍から捜査された時は、此の班は除外し、表面に出さなかったのであるから、今後ともその点に注意して欲しいとのこと。
尚ほ、第三科は紙幣の印刷等で対外関係が有るので、之れ又秘密にしてもらいたい。
（前掲『甲斐文書』）

この証言からは、帝銀事件の捜査が登戸研究所関係者に対して行われていた一九四八年四月から六月までの間は、登戸研究所第二科第六班・第七班と第三科についてはアメリカの調査に対して秘匿していたことがわかる。

帝銀事件の毒物をめぐって

帝銀事件で捜査された際、その使用した毒物に対して伴繁雄は次のように証言している。

私は青酸加里で試験した結果、帝銀事件を思ひ起して考えて見るに、青酸加里は即効性のものであって、一回先に薬を呑まして更に呑んだものがウガヒに行って倒れた状況は、青酸加里とは思へない。

青酸加里はサジ加減によって時間的に経過さして殺すことは出来ぬ。私に若しさせれば青酸ニトリールである。（前掲『甲斐文書』）

このように、帝銀事件で使用された毒物について、特殊な毒物を使用した可能性があることは、警視庁に証言を求められた多くの関係者が語っている。そうした中で、八月二一日に北海道小樽で画家の平沢貞通が逮捕された。平沢は無罪を主張したが、過酷な取り調べを受けて自白し、それが証拠とされ、一九五〇年に東京地裁で死刑判決が下される。旧刑事訴訟法の下では自白も証拠とされたため、その後も一貫して無罪を主張したにもかかわらず、五五年四月六日に最高裁で死刑が確定した。

その裁判の過程で最大の争点になったのが、使用された毒物が何かという点であった。裁判所は使用された毒物を誰でも入手可能な青酸加里と認定した。その根拠の一つに毒物鑑定に関わった伴の証言があった。伴が青酸ニトリール開発にあたった第二科第三班長の土方博とともに行なった「帝銀毒殺事件の技術的検討及び所見」（以下、「検討及び所見」と略す）が警視庁に提出されたのは九月六日のことである。この文書は伴が保存していた文書類の中にコピーが残されていた。丸秘の印が付けられ、宛先は警視庁藤田刑事部長ならびに堀崎捜査第一課長とされている。伴は、この文書を作成した目的について次のように述べている。

第一、目的

本所見は、警視庁の依頼により帝銀毒殺事件の基礎的捜査資料中毒物に関し、技術的に再検討を実施し、本事件の速やかなる解決の鍵及び捜査線圧縮に寄与する参考意見を得ると同時に、局面打開の新方向を獲得するを目的とす。

（前掲「検討及び所見」）

この「目的」を見ると、いくつかの疑問が浮かび上がる。第一は、なぜ「技術的に再検討」なのかという点である。平沢が逮捕される前までは、警視庁も登戸研究所関係者も軍部の開発した毒物の可能性を指摘していた。したがって、「再検討」とはそうした従来の毒物説を見直すとも取れるのである。

第二に、「局面打開の新方向」とは何かという点である。それまで捜査の対象となっていた者には、秘密戦部隊関係者も当然含まれていた。それが平沢逮捕によって除外される「新方向」がめざされることになったと考えられる。伴などが警視庁から依頼されて行なった毒物の鑑定依頼は、七月末であった。そして、実際の鑑定は八月二八日から九月五日に行なったという。その方法は、「実験的検証資料にあらずして机上的調査結果」とされ、青酸ニトリール実験時点の資料がないため、「一部的確ならざることを前言」するなどと、およそ科学者の検証とはほど遠いものであることを自白しているのである。伴らが提出した「検討及び所見」をめぐる警視庁・警察庁と登戸研究所の関係者による会議は、九月六日頃に開かれた。伴はそのことについて、後日、手記に次のように述懐している。

この「検討及び所見」を提出後、九月六日ごろ警視庁藤田刑事部長の私宅で毒物科学捜査会議が開かれ筆者は土方博とともに出席した。会議には高木一検事、警視庁から藤田刑事部長、堀崎捜査一課長、野老山鑑識課長ら。東大法医学の桑島直樹講師、慶大法医学の中館久平教授らが出席していた。

警視庁ではなく、警視庁刑事部長の私宅で会議が行われている異常さを多くの研究者が指摘しているが、平沢が逮捕されて以降開催されているこの会議は、平沢が使用した毒物をめぐってどう訴追可能かを検討するものだったとも考えられる。この後、平沢は起訴され裁判へと続く。

一九四九年一二月一九日に長野地方裁判所伊那支部で開かれた平沢の裁判で、伴は使用された毒物について「一般市販の工業用青酸加里」と証言している。こうして登戸研究所や七三一部隊の毒物研究の追及は消えていったのである。

ここで登戸研究所の関係者が見解を変えていく歴史的背景にふれてみたい。一九四八年一月、アメリカは対日占領方針を転換し、「反共の防波堤」と位置付けなおした。それは、アメリカが中国革命の進行に危機感を募らせていったためであった。また、米ソ冷戦が深刻化する中、七三一部隊関係者を免責し、アメリカが細菌兵器研究の全貌を入手した時期でもあった。七三一部隊関係者や登戸研究所関係者の姿を表面化させたくない政治的意図が、ＧＨＱや日本の政治支配層に働いたとも考えられるのである。

「負の遺産」としての登戸研究所――エピローグ

登戸研究所については、戦後、帝銀事件の際や偽札事件が生じた際などに一時的にマスコミを賑わすことはあった。また、松本清張氏や斎藤充功氏など、一部の小説家やジャーナリストによって取り上げられたこともあったが、一般の市民の関心を引くにはいたらなかった。

平和教育学級と登戸研究所

そうした壁を打ち破ったのは、川崎市民による取り組みであった。川崎市では、一九七五年（昭和五〇）以降、市民の平和や人権についての関心が高まり、市内各区にある市民館で講座が多数組まれるようになった。そうした要望に応え、川崎市では八六年から平和教育学級を開設することとなった。この学級は公募による企画委員会が職員と協力し、自主的に運営するところに特徴があった。その講座の一つである川崎中原平和教育学級では、八七年から自分たちの住む地域に残る戦争遺跡を調べていくこととした。

どこを調べるか、企画委員会で話し合ったが、新聞記者から「川崎市多摩区で戦時中、秘密研究所があり、その付近の稲作に被害が出たそうだ」との情報がよせられ、登戸研究所について調べてみることとなった。ところが、調べるといっても十分な資料がない。とりあえず、それまで明らかにされていた山本憲蔵著『陸軍贋幣作戦』（徳間書店、一九八四年）、斎藤充功著『謀略戦―ドキュメント陸軍登戸研究所』（時事通信社、一九八七年）などの出版物を調べ、防衛庁（現、防衛省）防衛研究所図書室にある資料を調査した。翌八八年も引き続き登戸研究所について調べることとした。いく度かの討論をした末、現地調査を行うことになった。現在の明治大学生田キャンパスに登戸研究所時代の遺構が残っていたので、その見学会を計画した。その見学会に市域からかつて登戸研究所に勤務していた雇員が参加したことが大きな転機となった。その後、雇員から貴重な名簿が提供されたからである。

名簿を受け取ったメンバーは、市域に在住し、当時に登戸研究所に勤めていた勤務員にアンケートをしてみようということになった。名簿には市域在住の九九名の名前が記載されていたので、その方々に依頼することとした。川崎市教育委員会の承認を受け、教育委員会名でアンケートをお願いした。

話してはいけないとされていた内容についてのアンケートなので、はたしてどのくらい集まるか危惧されたが、二三名の方から協力を受けることができた。ある女性のアンケートの中には、何度も書いたり、消したりした跡が見えるものがあった。よほど迷われたものと思われた。「資料があります」とそこには書かれていた。防衛庁にも資料は残っていなかったので、あまり期待しないまま女性を訪ねると、分厚い資料が提供されたのである。

『雑書綴』から見えてきたもの

プロローグでも述べたとおり、『雑書綴』昭和十六年以降と表紙に書かれたその資料には、「関」と名前が記されていた。資料を提供された小林（旧姓、関）コトさんは、当時、登戸研究所にタイピストとして勤務され、その技術の上達振りを記録として残すため保持していたものであることがわかった。したがって、その一枚一枚は極秘のものは全くなかった。しかし、社会教育の職員や市民からの企画委員が協力して一六五点の文書を分析してみると、大変重要な事実が浮かび上がってきたのである。証拠隠滅命令でほとんど資料が残っていないと考えられていたが、とんでもないところから貴重な資料が出てきたのだ。このことが一つの契機になって、登戸研究所に勤務していた方々との交流が始まった。

川崎市域に住んでいる登戸研究所関係者の多くは、小林コトさんのような十代で勤務していた人が多い。階級的に見ると将校クラスの人は少なく、雇員や工員といった人がほとんどである。したがって、登戸研究所が何をやっているところかを詳しく知る機会には恵まれていない。しかし、自分のやっていることには将校よりもある意味では詳しい記憶を持っているのである。そこで、手分けして市域の登戸研究所関係者の聞き取り作業を行なった。その結果、生物化学兵器を開発した第二科の他、次第に物理的な秘密兵器の研究・開発を行なっていた第一科、三メートルほどの高い塀をめぐらし、所内でも特に厳重に秘密保持をはかられていた第三科、さらに開発した秘密兵器を大量生産していた第四科の実相が明らかになってきた。

関係者の一人ひとりは、部分的な情報しか知らない。しかし、その一つの「点」が結び合ったとき、それは「線」となり、さらに総合されると「面」として全体像が浮かび上がってきたのである。こうした聞き取り調査からわかったことを、企画委員会は川崎市中原平和教育学級編の『私の街から戦争が見えた』(教育史料出版会)としてまとめあげた。一九八九年(平成元)のことであった。

登戸研究所の勤務員は最大時に一〇〇〇名を越えた。将校は百数十名であるから、大多数は地域から勤務した人たちであった。ここから考えられる平和教育の課題は、こうした秘密・謀略戦のための研究所でさえ、地域の支えなしでは存在し得なかったという事実を把握することの大切さである。このことは、地域から戦争の事実を掘り起こす際、戦争の構造や実態を解明することも可能であると同時に、平和な地域を創造するうえでも重要なものであることを私たちに教えている。

戦争遺跡保存運動の広がり

市民が明らかにした登戸研究所についての学習、遺構を保存しようとする活動は、その後も息長く続けられた。最初は川崎市中原区だけで取り組まれていた学習・調査活動が他区でも行われるようになった。二〇〇七年度も中原区や多摩区の平和講座で登戸研究所の現地学習会が行われ、合計で八〇名が学んでいる。その中の一人であるHさんは、「戦争の加害の遺跡として、今残っている木造の建物も含めて、多摩区、川崎市の貴重な遺跡として残せるような努力をしていきたいと思いました」と語っている。

こうした学習に参加した市民の間から、「旧陸軍登戸研究所の保存を求める川崎市民の会」が二〇〇六年（平成一八）一〇月に結成され、川崎市と登戸研究所跡地を所有する明治大学に保存と活用を求める地道な活動を展開するようになった。みずからガイドを行う努力をしながら月一回の定例見学会を行い、一年間で約七〇〇名を超す人たちを案内し、各団体の催しやシンポジウムに参加し保存を訴えている。さらに、登戸研究所を紹介する冊子を独自に作製し、平和な地域を創造するために戦争遺跡を保存すべきだと訴えている。

登戸研究所に関する調査・研究活動は約二五年前に市民が始めてから高校生に引き継がれ、その内容が『高校生が追う陸軍登戸研究所』（教育史料出版会、一九九一年）としてまとめられ注目を集めた。その後、明治大学人文科学研究所が海野福寿・山田朗・森恒夫たちと総合的に調査・研究に取り組み、その成果を『陸軍登戸研究所』（青木書店、二〇〇三年）にまとめた。こうした調査・研究活動の際、資料が極端に少ないため、登戸研究所に勤務していた人たちからの聞き取りは重要な活動であった。しかし、そうした関係者の口も重く聞き出すのも容易ではなかった。それを可能にしたのが高校生の活動であった。彼らは、自分の祖父母から真実を謙虚に聞く耳を持って接したのである。その結果、「大人には話さないが君たち高校生には話そう」と語ってくれるようになったのである。そして、関係者の一人である伴繁雄さんが『陸軍登戸研究所の真実』（芙蓉書房出版、二〇〇一年）としてみずからの体験を出版することに発展した。

その著書の中で、伴さんは「墓場まで持って行く」と家族にも話さなかった中国での人体実験についてはじめてみずから認め、次のように記述した。

捕虜・死刑囚に対して行われたとはいえ、非人道的な悲惨な人体実験が行われたのである。戦争の暗黒面としてこれまで闇の中に葬り去られてきたが、いまこのいまわしい事実を明らかにしたいと書き綴った。いまは、歴史の空白を埋め、実験の対象となった人びとの冥福を祈り、平和を心から願う気持ちである。

図24　高校生の聞き取り調査に応じる伴繁雄さん（木下健蔵提供）

この一文を書いたとき、はじめてほっとしたような顔を見せたと家族は語っている。伴さんは帝銀事件で警視庁の捜査を受けた際、人体実験をした経験を「初めは厭であったが馴れると一ツの趣味になった（自分の薬の効果をためすために）」と語っている。人体実験をしてはいけないという人間としての倫理観が、「初めは厭であった」という当然の気持ちを表していた。ところが、自分の開発した薬の効果は動物ではなかなか証明されないわけで、それが人体実験によって即刻証明されたのである。それが「一ツの趣味になった」という表現につながったのだろう。事実、これによって伴さんは陸軍技術有功章を受賞し、軍隊内部での科学者としての地位や名誉が確立することとなった。しかし、伴さんはそれが「悪魔の科学者への道」であったことも知っていた。その相矛盾する後半生を伴さんは歩んだに違いない。したがって、晩年、高校生に重い口を開き、私たちに貴重な資料を提供してくれたのである。

こうした動きは伴さんだけではなかった。登戸研究所に勤務していた多くの方々が資料を提供をしてくれるようになったのである。そして、登戸研究所に勤務していた方々の親睦団体（登研会）として明治大学に資料館建設を要請したのである。

この要請を受けて、明治大学では生田キャンパス内にある登戸研究所の遺跡・遺物の保存・活用を検討する委員会を設置した。そして、二〇一〇年四月に明治大学平和教育登戸研究所資料館として結実したのである。その設立趣旨は次のようなものである。

登戸研究所（正式名称、第九陸軍技術研究所）は、戦争には必ず存在する「秘密戦」（防諜・諜報・謀略・宣伝）という側面を担っていた研究所です。そのため、その活動は、戦争の隠された裏面を示しています。

登戸研究所の研究内容やそこで開発された兵器・資材などは、時には人道上あるいは国際法規上、大きな問題を有するものも含まれています。しかし、私たちはこうした戦争の暗部ともいえる部分を直視し、戦争の本質や戦前の日本軍がおこなってきた諸活動の一端を、冷静に後世に語り継いでいく必要があります。

私たちは、旧登戸研究所の研究施設であったこの建物を保存・活用して「明治大学平和教育登戸研究所資料館」を設立し、この研究所がおこなったことがらを記録にとどめ、大学として歴史教育・平和教育・科学教育の発信地とするとともに、地域社会との連携の場にしていくことを目指しています。

二〇一〇年三月　明治大学

この設立趣旨で、資料館を「大学として歴史教育・平和教育・科学教育の発信地」にしていくと表明していることはきわめて大切で共感できることである。また、登戸研究所跡は文化庁が戦争遺跡として調査している全国五〇ヵ所の一つで、重要な遺跡である。戦争の語り部としての貴重な文化財として、多くの人たちに活用してもらいたいものである。

平和な社会に貢献する科学とは

軍事が優先される時代には、科学はどう位置付けられ、また、どんな科学者が生み出されるか考えてみたい。

陸軍軍医学校の『軍陣内科学教程』（昭和一九年制定）には、次のように記述されている。

> 従来ノ内科学ノ臨床ハ病者ニ就キ生命ノ延長、苦痛ノ軽減ヲ主要ナル目的トセルニ、軍事ハ百般戦闘ヲ基準トシ、将兵ハ命令ニヨリ与ヘラレタル任務達成ノタメニハ生命ヲ鴻毛（こうもう）ノ軽（かろ）キニ比シテ死地ニ突入シ、困苦欠乏ニ堪ヘ辛酸ヲ嘗ムルハ当然ニシテ、従来ノ臨床医学ノ目的ヲ直チニ軍陣内科学ノ目的トナスコトヲ得ズ

ここからは、軍事がすべてに優先されるとき、国家が優先され、生命が二の次とされることがうかがわれる。こうした考え方は、敵国人の生命の軽視・蔑視につながり、中国におけるハルビン郊外の七三一部隊の人体実験などを引き起こすこととなったと考えられる。そして、その人体実験について罪悪感などはなかったことは、『軍陣内科学教程』の「流行性出血熱」の節で、北野政次が「在満○○部隊ノ研究ニヨレバ」として七三一部隊の「人体実験の成果」を堂々と記述していることからも明らかである。ただし、さすがに人体実験をしたとは言わず、「猿」を用いたとしている。しかし、猿はもともと体温が高く

流行性出血熱の実験には向かないとされ、人体実験の結果を記述しているものと考えられる。こうした事例に代表されるように、軍事が優先される科学は国内外の人たちの生命を無視した研究がなされることを認識したい。

このことは登戸研究所の科学者たちにとっても同様であった。すでに本書で述べてきたとおり、たとえば第二科で開発された毒物などを使用した人体実験も行われた。その際、実験に加わった伴繁雄さんが証言しているように、通常の倫理観を持った科学者が人体実験が「趣味にな」るような悪魔の科学者に転身するのである。しかし、それが実は伴さんを生涯にわたって苦しめることにもなったのである。私たちには、軍事が最優先される科学は、伴さんのような科学者を生み出す「負の遺産」として受け継ぐことが求められている。これは簡単なようであるが、実は難しい課題である。なぜならそうしたことが可能になるためには科学者個人の努力だけではなしに、軍事優先ではない社会を創造することをぬきにできないことだからである。

日本国憲法は戦争の放棄を謳い、戦後日本は平和を基調とする時代に転換した。第一科の開発していた「く号」兵器（怪力光線）の原理は人間を殺傷するものとして研究されたが、今は電子レンジの原理に応用され、生活を豊かにする調理用具として使用されている。

偽札を作った第三科の技術は、たとえば大島康弘の場合、凹版印刷の技術を駆使し、戦後に就業した名古屋で、当時の新素材である塩化ビニールフィルムへの商業印刷化に成功した。製品化されたレース調テーブルクロスは『ギネスブック』にも掲載された。このことは、確かに「戦争が科学を発展させる」という俗説の一面性を示している。要は社会が科学と科学者を戦争に使うのか、平和に使うのかの違いであろう。戦争に使用される場合は、人間を殺傷したり、人間に害を与えるものとなる。

私たちは何よりも人間の生命と安心・安全を大切にする社会をめざす必要がある。そのためには科学と科学者を戦争に動員した「負の遺産」としての登戸研究所への意識を深めることも大切だと考える。本書が、そうした科学と科学者のあり方を考えるための一助になることを期待したい。

あとがき

私が登戸研究所について調べて出してからすでに四半世紀が過ぎた。そもそも調査を始めたきっかけは、当時、勤務していた高校のあった川崎市に、陸軍の研究機関が存在していたと聞いて関心を持ったことであった。ところが、防衛庁（現在は防衛省）の図書室に行っても、国立国会図書館や国立公文書館に行っても研究所に関する第一次資料はなく、研究の対象にならないのではないかと思っていた。

そうした私を変えてくれたのが、高校生・市民たちであった。研究所関係者のもとをエネルギッシュに足繁く訪ね、ついには彼らの重い口を開かせた高校生の探求心に励まされて、私はさらに登戸研究所を調べるようになった。

しかし、高校生は三年サイクルで入学と卒業をくり返し、調査を持続することはなかなか難しい。そうした状況の中で私が調査を持続できたのは、地元川崎市民の力によるところが大きかった。市民の手による、登戸研究所を知り保存しようとする動きは形を変えながら長く続いた。とりわけ、二〇〇六年（平成一八）には「旧陸軍登戸研究所の保存を求める川崎市民の会」が発足し、息の長い調査・研究・保存の運動が展開されるようになった。こうした人たちの援助なくしては、私の調査・研究も進まなかった。

同時に、最も私を支えてくれたのは、かつてこの登戸研究所に勤務していた人たちであった。当初はなかなか口を開いてはくれなかったが、次第に人間関係が生まれる中で、ついには話しだけでなく貴重な資料まで提供していただけるような関係にまでなれた。研究所に勤務していた人たちの親睦団体「登研会」にも二〇年くらい前から参加させてもらうようになり、通常だと聞くことの難しい話しを聞くことができた。登研会も、会員だった伴繁雄さんを中心に、それまで「墓場まで持って行く」と口をつぐんでいた内容を自分たちでまとめ上げ、明治大学に対して資料館設置の要請を出すまでに変化した。本来ならば埋もれてしまう事実を語り、資料まで提供してくださった登研会の皆さんのご苦労とお力添えなしには、資料館も本書もあり得なかった。深甚の感謝の意を表したい。

最後に、明治大学の動きにもふれておきたい。私たちが登戸研究所を調査し出した頃、明治大学は保存活動に積極的ではなかった。しかし、一九九五年から三年間をかけて、明治大学人文科学研究所総合研究として「旧陸軍登戸研究所の総合的研究―十五年戦争における その意義」がまとめられることとなった。共同研究者は、飯田年穂（フランス文学）・岩永 達郎（哲学）・海野福寿（日本近代史）・山田朗（日本近現代史）・山本務（哲学）・森恒夫（経営学）の各氏と私の七人であった。この共同研究の過程で、私は全国に残る登戸研究所関係の遺跡の調査や、さらには中国・アメリカなどに保管されていた資料を収集することができた。この研究成果を通じて、私は初めて一定の研究レベルの資料館になるという確信を持てるようになった。共同研究をごいっしょした先生方にもお礼を申し上げる次第である。やがて明治大学は資料館建設を決定し、山田朗先生と大学院生を中心に資料館の内容をどうするべきか本格的な検討と作業がなされた。その成果が、現在の資料館の展示に反映されているのである。

今まで述べてきたように、私自身の力で登戸研究所の調査や研究が進んだ面は微々たるものである。したがって、今から数年前、吉川弘文館の伊藤俊之氏から単著として出さないかというお勧めをいただいたときには、大変光栄なことであったが、私一人で調べてきたことではないので躊躇してしまった。しかし、考えてみると、今日まで多くの方々とともに登戸研究所の調査・研究を行なってきたが、それも明治大学平和教育登戸研究所資料館の開設によって一段落できた。そこでお世話になった方々への恩返しの意味も込めて、今回、一書にまとめた次第である。なお、私の大学時代からの恩師である遠山茂樹先生には、登戸研究所についても多くのご助言をいただいた。生前の先生に本書をお見せすることができず申し訳なく思っている。あらためて本書を先生のご霊前に捧げたい。

本書をまとめているさなかに東日本大震災が起こり、地震と津波による大災害が生じた。さらに、東京電力福島原子力発電所の事故という信じられないような人災も発生した。人間の生命の大切さ、「安全神話」ではなく本当に人類が安心して生活できる平和な環境をどう創るのかが求められているように思う。本書が、平和に寄与する科学と科学者のあり方について考えを深め、歴史から学ぶための一助になることを期待したい。

二〇一一年一一月

渡　辺　賢　二

著者紹介
一九四三年、秋田県に生まれる
一九六八年、横浜市立大学文理学部卒業
法政大学第二高等学校教諭を経て、
現在、明治大学文学部非常勤講師

主要著書
『平和のための「戦争論」』（教育史料出版会、一九九九年）
『近現代日本をどう学ぶか』（教育史料出版会、二〇〇六年）
『広告・ビラ・風刺マンガでまなぶ日本現代史』（編、地歴社、二〇〇七年）
『登戸研究所から考える戦争と平和』（共著、芙蓉書房出版、二〇一一年）

歴史文化ライブラリー
337

陸軍登戸研究所と謀略戦
科学者たちの戦争

二〇一二年（平成二十四）二月一日　第一刷発行

著　者　渡辺賢二（わたなべけんじ）

発行者　前田求恭

発行所　株式会社　吉川弘文館
東京都文京区本郷七丁目二番八号
郵便番号一一三―〇〇三三
電話〇三―三八一三―九一五一〈代表〉
振替口座〇〇一〇〇―五―二四四
http://www.yoshikawa-k.co.jp/

印刷＝株式会社 平文社
製本＝ナショナル製本協同組合
装幀＝清水良洋・大胡田友紀

歴史文化ライブラリー
1996.10

刊行のことば

現今の日本および国際社会は、さまざまな面で大変動の時代を迎えておりますが、近づきつつある二十一世紀は人類史の到達点として、物質的な繁栄のみならず文化や自然・社会環境を謳歌できる平和な社会でなければなりません。しかしながら高度成長・技術革新にともなう急激な変貌は「自己本位な刹那主義」の風潮を生みだし、先人が築いてきた歴史や文化に学ぶ余裕もなく、いまだ明るい人類の将来が展望できていないようにも見えます。このような状況を踏まえ、よりよい二十一世紀社会を築くために、人類誕生から現在に至る「人類の遺産・教訓」としてのあらゆる分野の歴史と文化を「歴史文化ライブラリー」として刊行することといたしました。

小社は、安政四年(一八五七)の創業以来、一貫して歴史学を中心とした専門出版社として書籍を刊行しつづけてまいりました。その経験を生かし、学問成果にもとづいた本叢書を刊行し社会的要請に応えて行きたいと考えております。

現代は、マスメディアが発達した高度情報化社会といわれますが、私どもはあくまでも活字を主体とした出版こそ、ものの本質を考える基礎と信じ、本叢書をとおして社会に訴えてまいりたいと思います。これから生まれでる一冊一冊が、それぞれの読者を知的冒険の旅へと誘い、希望に満ちた人類の未来を構築する糧となれば幸いです。

吉川弘文館

〈オンデマンド版〉
陸軍登戸研究所と謀略戦
科学者たちの戦争

歴史文化ライブラリー
337

2022年（令和4）10月1日　発行

著　者　渡辺賢二（わたなべけんじ）
発行者　吉川道郎
発行所　株式会社　吉川弘文館
〒113-0033　東京都文京区本郷7丁目2番8号
TEL　03-3813-9151〈代表〉
URL　http://www.yoshikawa-k.co.jp/

印刷・製本　大日本印刷株式会社
装　幀　清水良洋・宮崎萌美

渡辺賢二（1943～）

ISBN978-4-642-75737-9